# 环境工程制图习题集

金　适　主编

中国环境出版集团・北京

图书在版编目（CIP）数据

环境工程制图习题集/金适主编. —北京：中国环境出版集团，2006.8（2023.7 重印）
ISBN 978-7-80209-388-1

Ⅰ. 环… Ⅱ. 金… Ⅲ. 环境工程—工程制图—习题 Ⅳ. X5-44

中国版本图书馆 CIP 数据核字（2006）第 091376 号

出 版 人 武德凯
责任编辑 杨吉林
责任校对 扣志红
封面设计 耀午书装

出版发行 中国环境出版集团
（100062 北京市东城区广渠门内大街 16 号）
网 址：http：//www.cesp.com.cn
电子邮箱：bjgl@cesp.com.cn
联系电话：010-67112765（编辑管理部）
发行热线：010-67125803，010-67113405（传真）
印 刷 北京市联华印刷厂
经 销 各地新华书店
版 次 2006 年 8 月第 1 版
印 次 2023 年 7 月第 7 次印刷
印 数 19001—24000
开 本 850×1168 1/16
印 张 6.75
字 数 164 千字
定 价 25.00 元

# 前　言

《环境工程制图》2004年由中国环境科学出版社出版。今年初杨吉林编审与我联系，准备应读者要求配套出版习题集，而且准备再版教材，这一决定给了我很大鼓舞，促使我在总结近几年教改实践经验的基础上，尽快编写了这本力求简明、实用的习题集。

本习题集与金适主编的《环境工程制图》配套使用，习题设置顺序与主教材的章节相对应，能够满足36～64学时课程的习题量，其特点如下：

（1）制图理论与工程实际相结合。在编排中将点、线、面等抽象的几何概念与立体图结合在一起进行分析解题，既形象又便于理解；同时习题集中包含许多实际工程图样，譬如建筑形体图、建筑施工图、环境工程中常用的给排水管道图等，作为学生课后练习的题材，可以增加学生对工程图样的了解。

（2）习题的解题形式多样化。既有培养基本画图、读图能力的题目，又有开阔思路、启迪思维的思考题和多解题，可有效地调动学生的学习兴趣与积极性。

（3）突出了组合体的基础地位，强化了绘图的基本训练，培养学生的动手能力和创造能力。

（4）认真贯彻、执行最新《技术制图》及《机械制图》国家标准的规定。

本习题集同时适用于其他非机类制图课程使用。

本习题集由中国农业大学金适主编，在编写过程中得到了朱卫东高工的帮助，参考了多种国内有关书籍，在此对有关作者表示感谢。

同时得到中国环境科学出版社杨吉林编审的大力支持，在此也表示衷心感谢。

由于作者水平有限，书中难免有错误或不当之处。敬请使用本习题集的师生给予批评指正。

编　者

2006年6月

# 目　　录

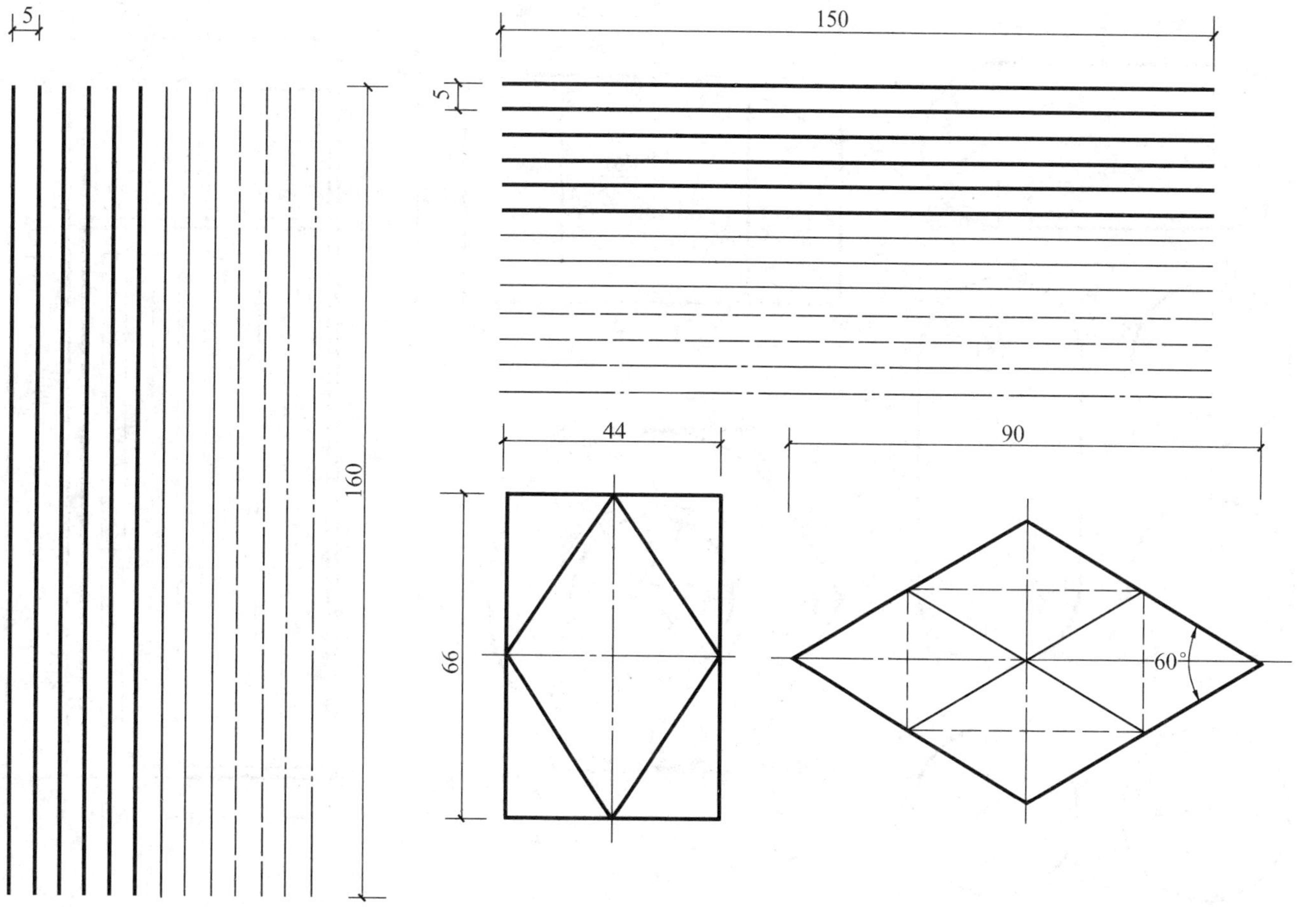
5
150
5
160
44
90
66
60°

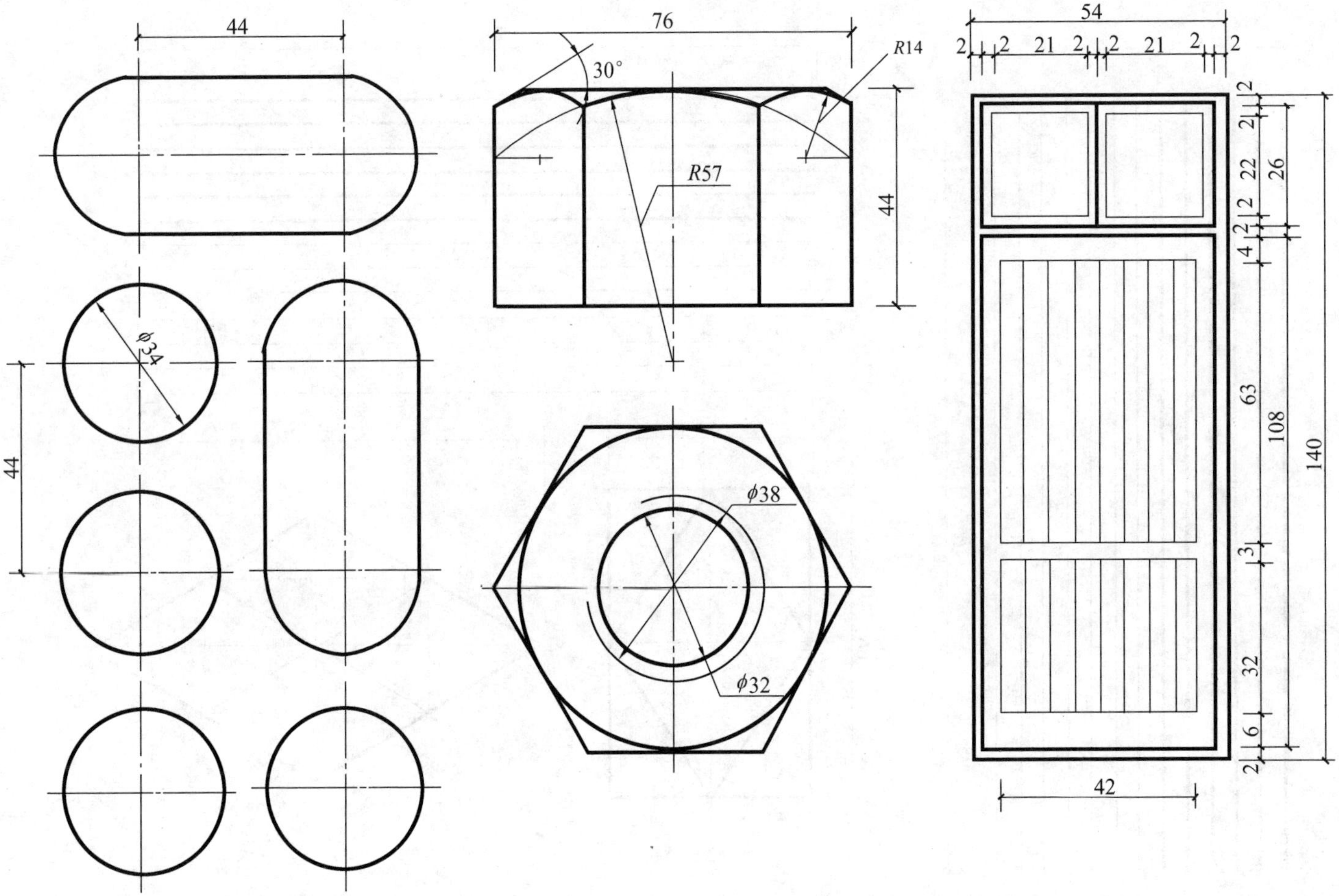
44
ϕ34
44
76
30°
R14
R57
44
ϕ38
ϕ32
54
2 2 21 2 2 21 2 2
2
2
22
26
2
2
4
63
108
140
3
32
6
2
42

| | |
| --- | --- |
| 2 | 线型练习（二） |

(1)【例】

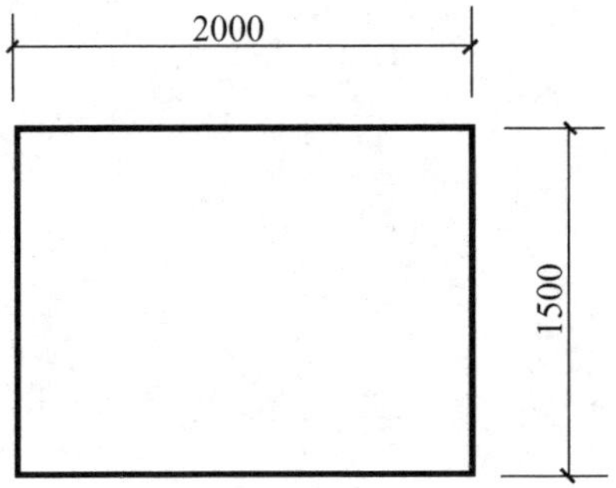


量得图形的长为40，宽为30
比例为 40∶2000
=30∶1500
=1∶50

(2)

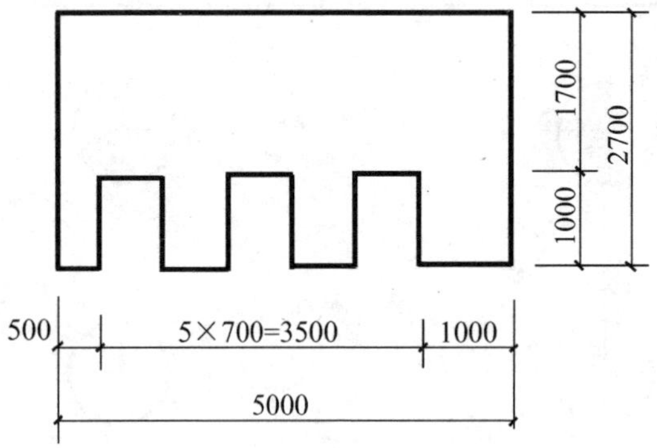


比例为 ______

(3)

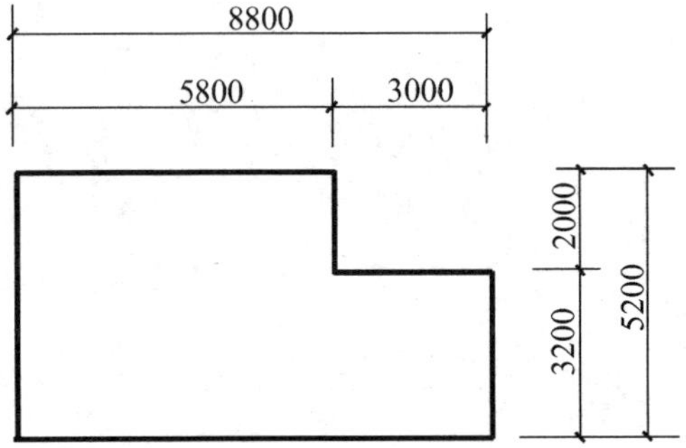


比例为 ______

(4)

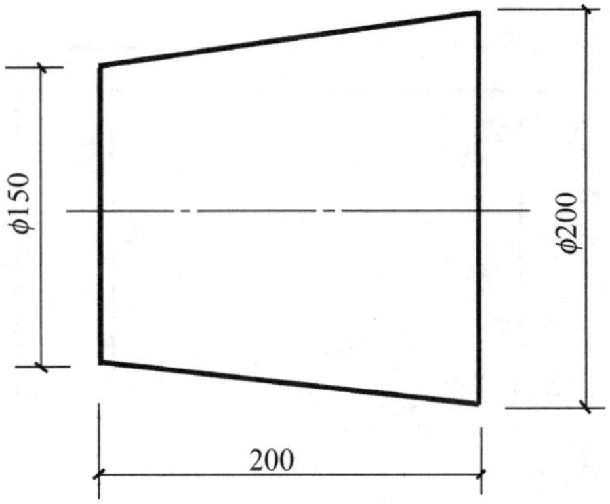


比例为 ______

## 比例（一）确定各图所选用的比例

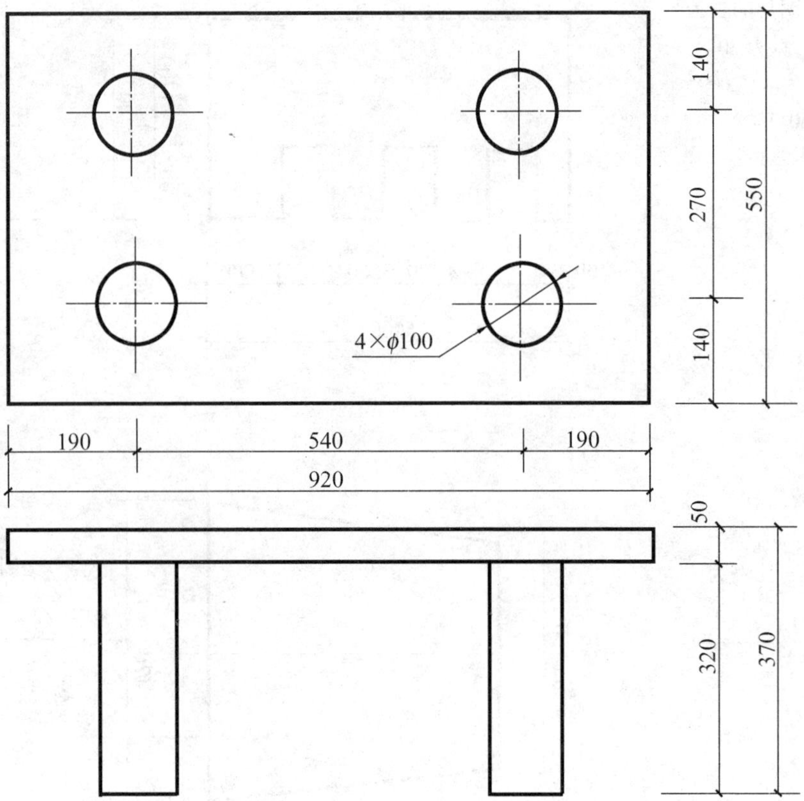


填空：

(1) 定形（大小）尺寸有：___

________________

(2) 定位尺寸有：________

________________

(3) 总体尺寸为：________

________________



尺寸填空（一）

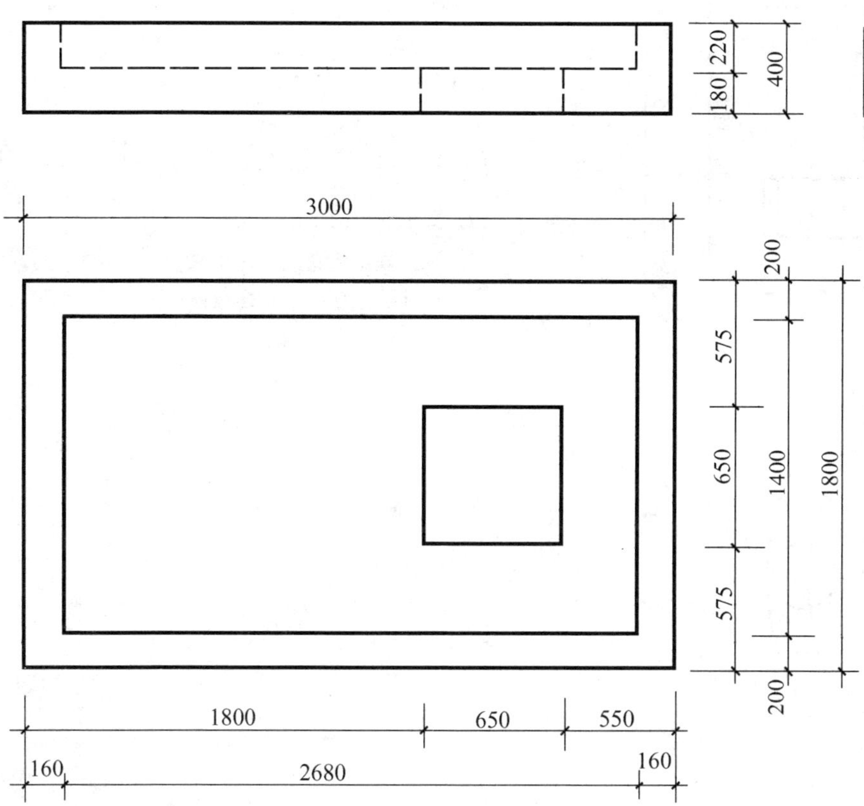


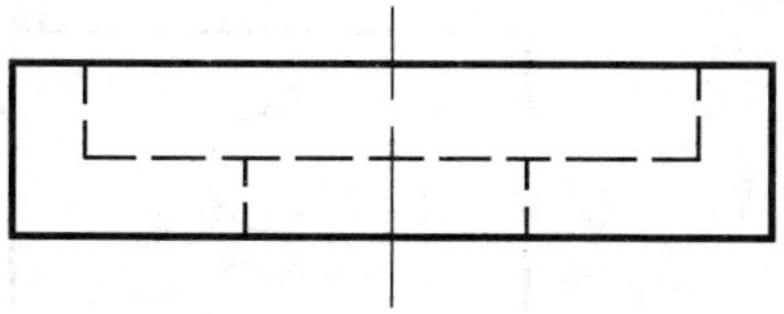

填空：

（1）定形尺寸有：________________

________________________________

________________________________

（2）定位尺寸有：________________

________________________________

________________________________

（3）总体尺寸为：________________

________________________________

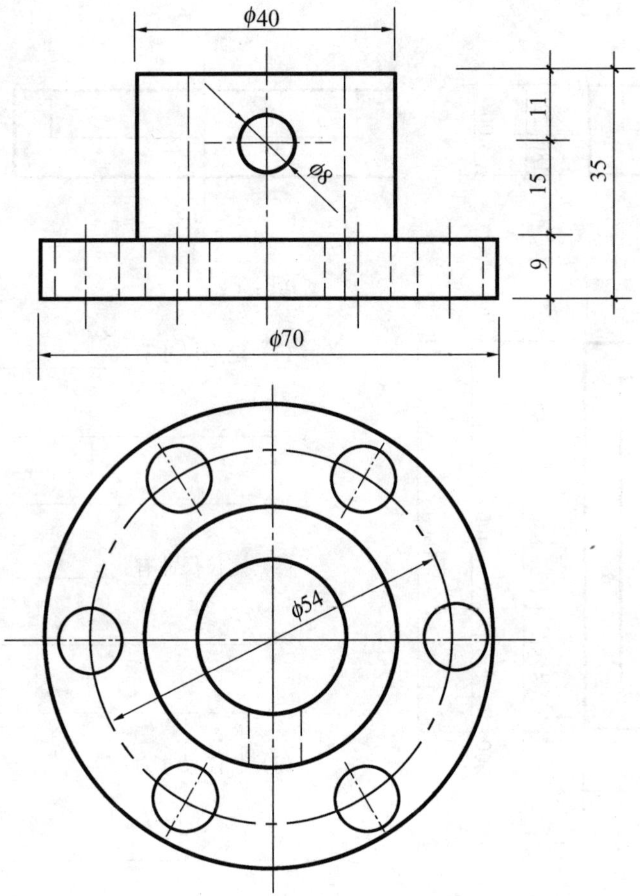


填空：

(1) 定位尺寸有 ________________

(2) 图中缺少两个定形尺寸，
试按规定将它们标注出来，
尺寸大小从图上直接量取



尺寸填空（三）

(1) 已知 $A$、$B$、$C$ 三点的两面投影，作出它们的第三面投影。

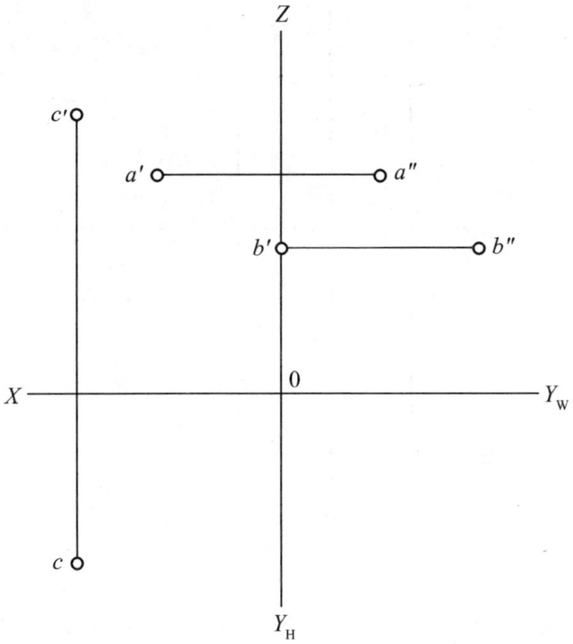


(2) 已知点 $B$ 在点 $A$ 的左方 15；点 $C$ 和点 $A$ 对 $V$ 面投影产生重影点；点 $C$ 在点 $A$ 正前方 20，作出 $B$、$C$ 点的另两面投影，并表明可见性。

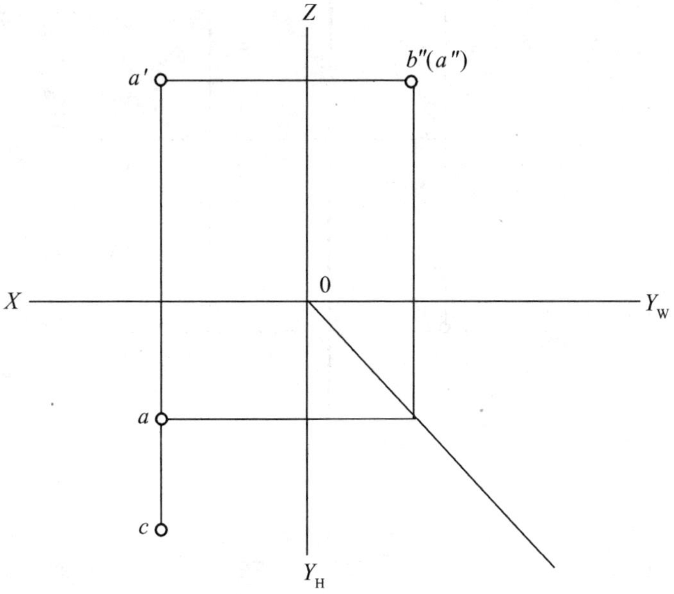

(1) 判断直线 *AB*、*CD* 的相对位置。

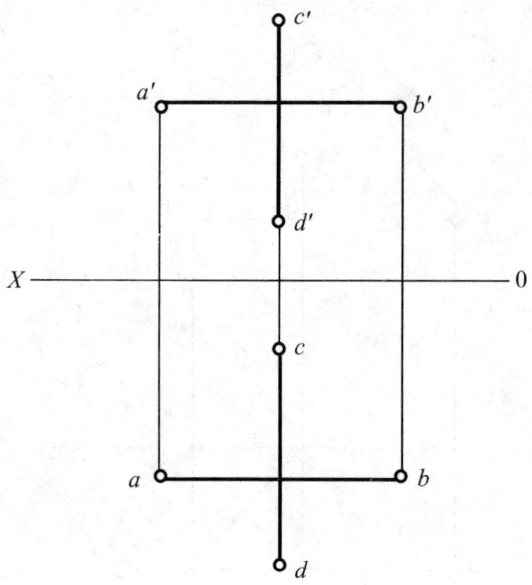


*AB* 与 *CD* ____________。

(2) 直线 *AB*、*CD* 的相对位置。

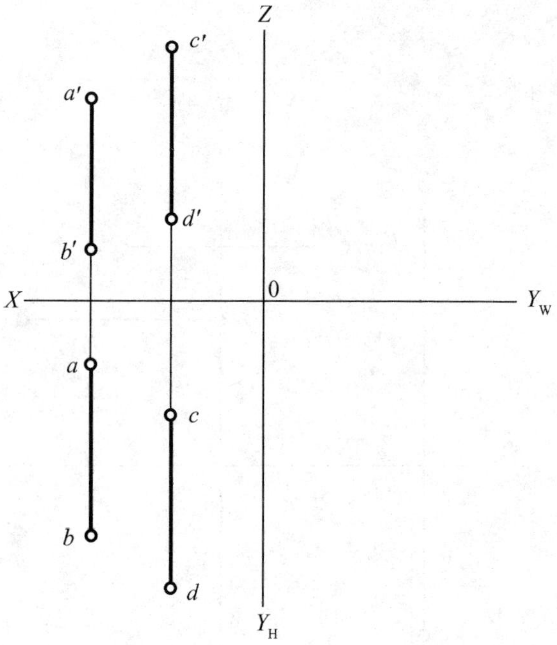


*AB* 与 *CD* ______________。

(1) 已知直线 *AB*、*CD* 的两面投影，求出它们的第三面投影，并将其名称填写在下面横线上。

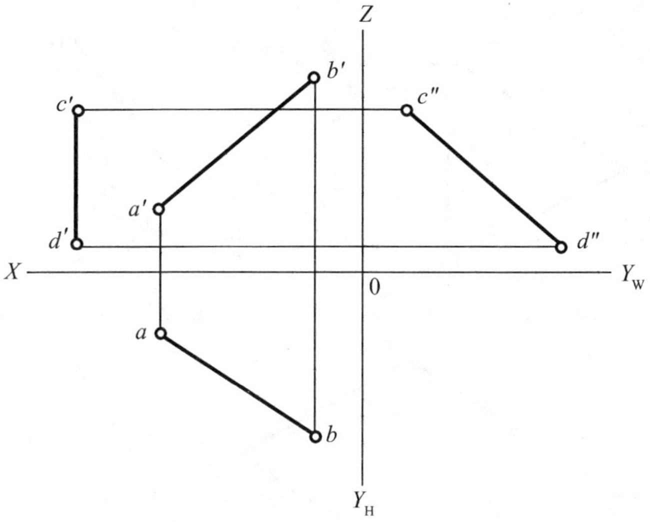


*AB* 为 __________ 线，　*CD* 为 __________ 线。

(2) 判断下列各线与投影面的相对位置，将其名称填写在横线上。

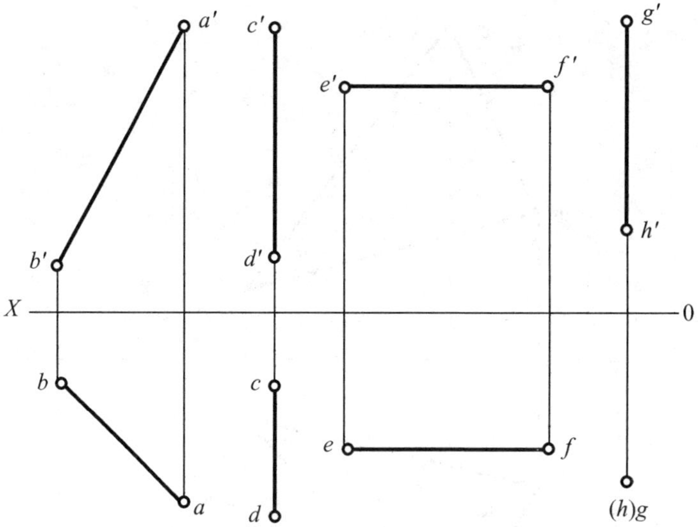


*AB* 为 __________ 线，　*EF* 为 __________ 线，

*CD* 为 __________ 线，　*GH* 为 __________ 线。

(1) 已知线段 $DE$ 与△$ABC$ 平行及 $DE$ 的水平投影 $de$，求作 $d'e'$。

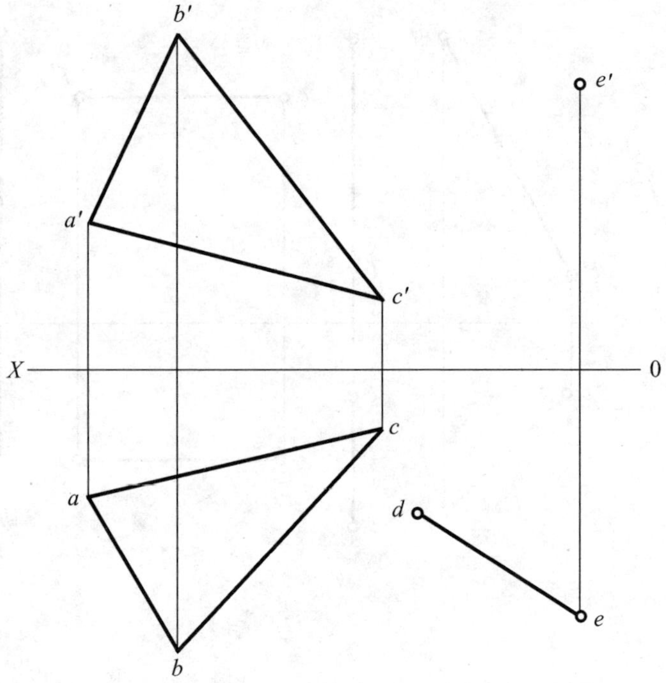


(2) 判断直线 $EF$ 与▱$ABCD$ 是否平行。

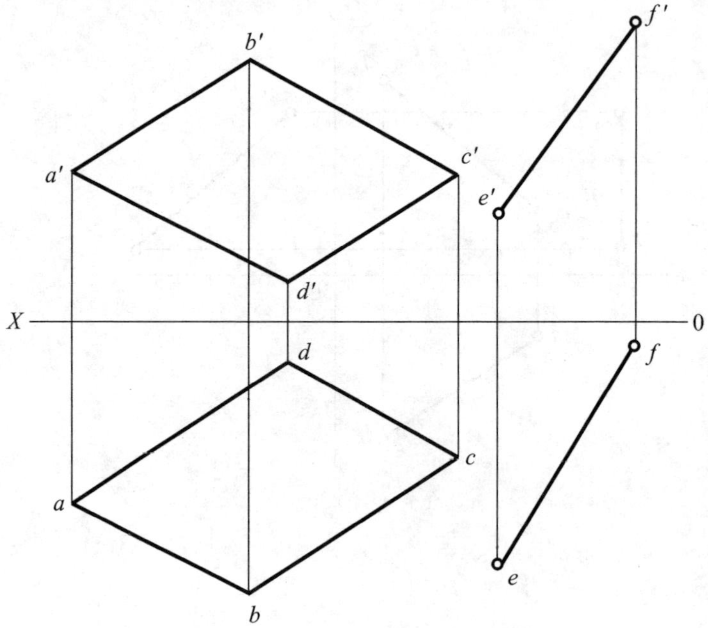

(1) 完成平面五边形的水平投影。

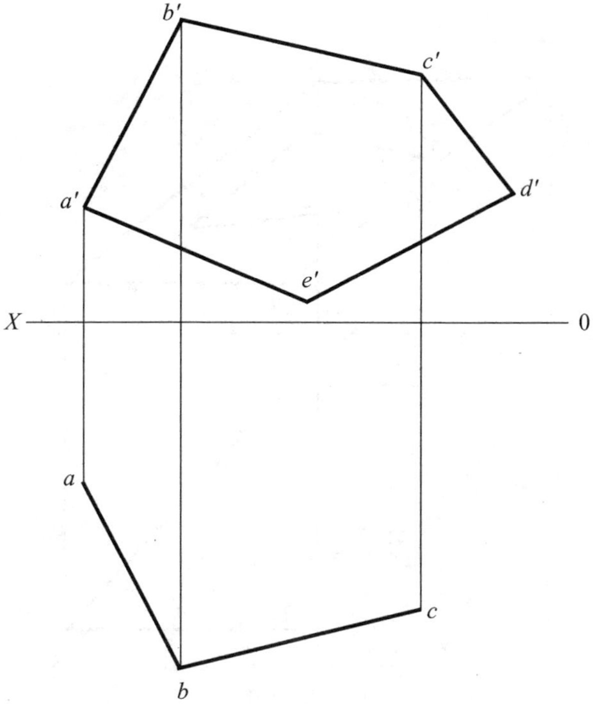


(2) 已知过 *E* 点的线段 *EF* 平行于线 *AB*，且与线 *CD* 交于 *F* 点，求作 *EF* 的两面投影。

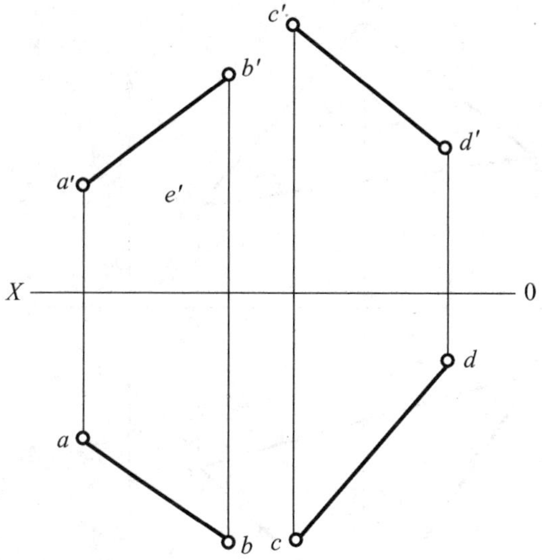

(1) 已知点 $D$ 在△$ABC$ 平面上，水平投影为 $d$，求正面投影 $d'$。判断点 $K$（$k$，$k'$）在不在△$ABC$ 上。

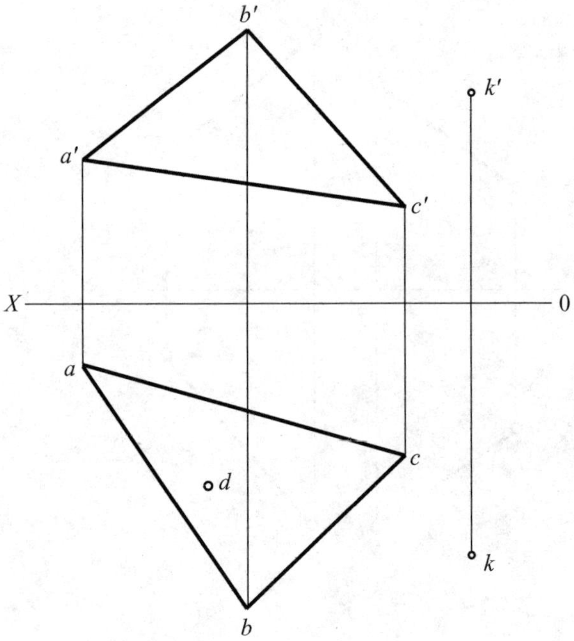


(2) 完成平面多边形的水平投影。

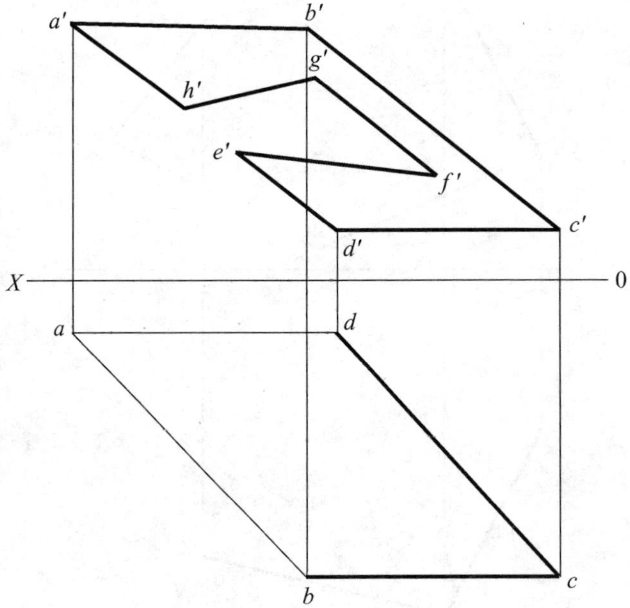

(1)求作台阶的 *W* 投影；（2）在表格内说明所指平面与投影面的相对位置；(3) 在投影图上注明各指定表面的名称。

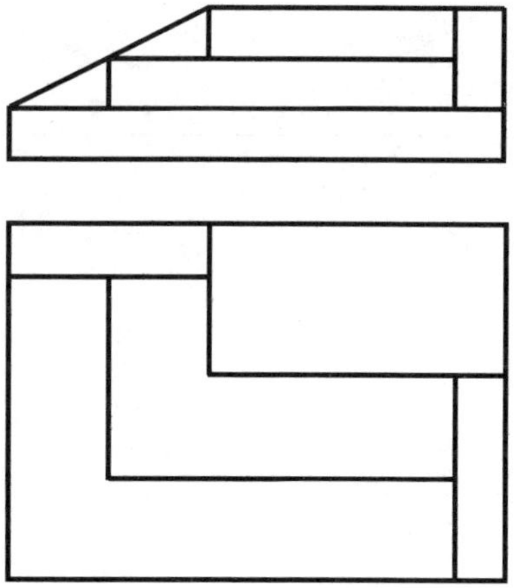

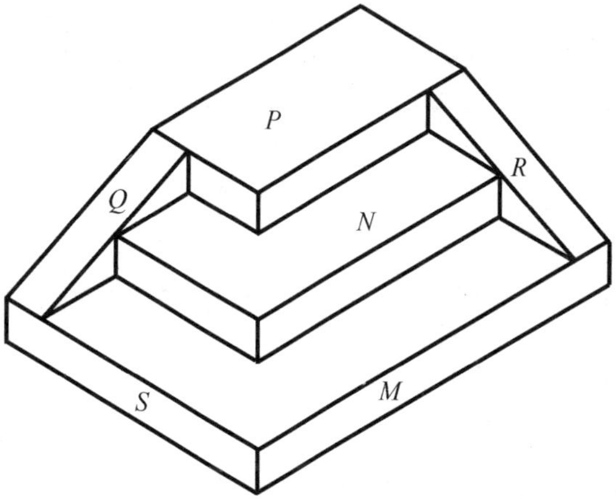


| 平面名称 | 与投影面相对位置 |
|---|---|
| *P* | |
| *Q* | |
| *R* | |
| *S* | |
| *M* | |
| *N* | |

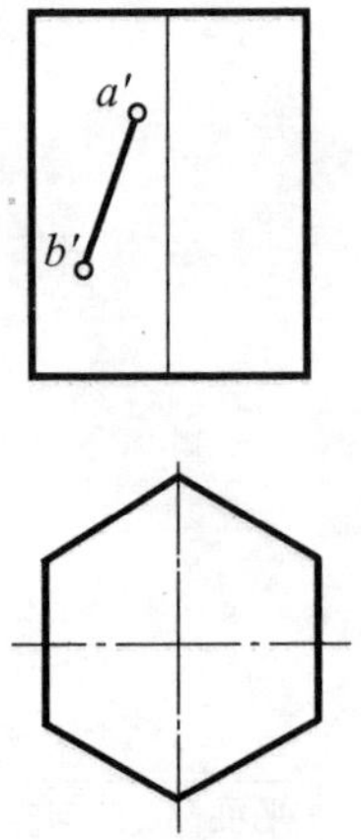


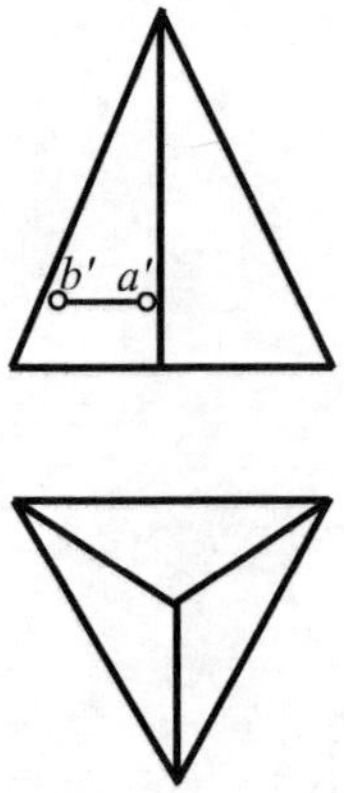


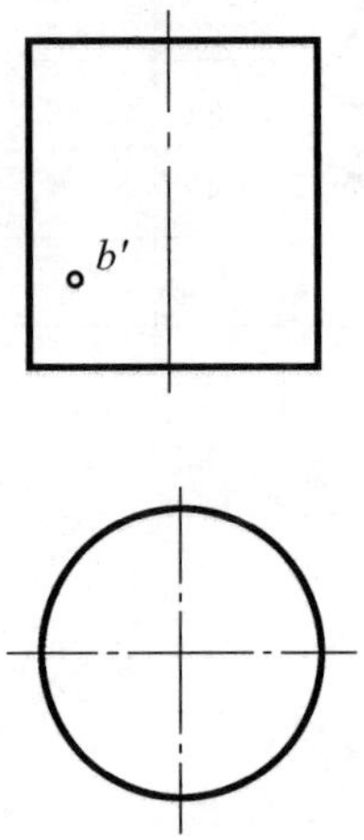


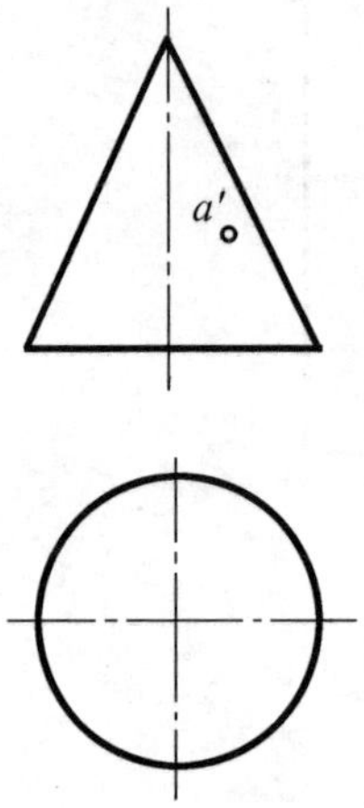




立体的投影（一）　作出立体的侧面投影,以及表面上线或点的另两面投影

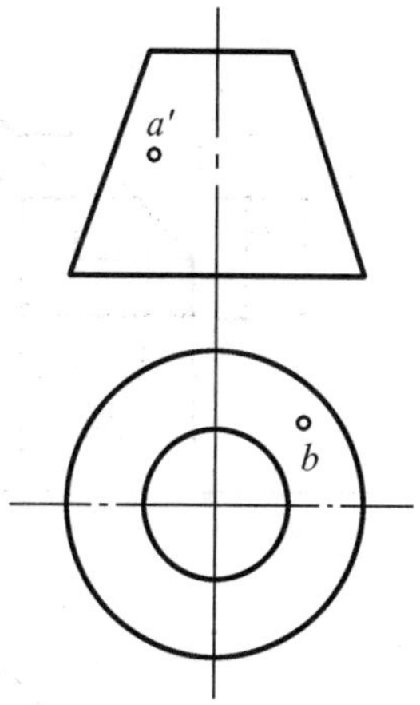


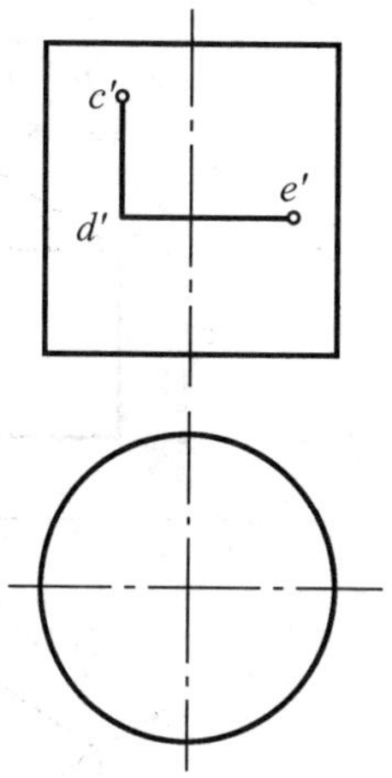


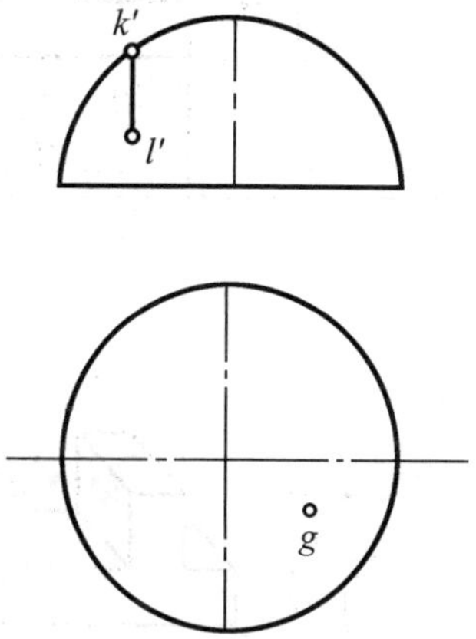


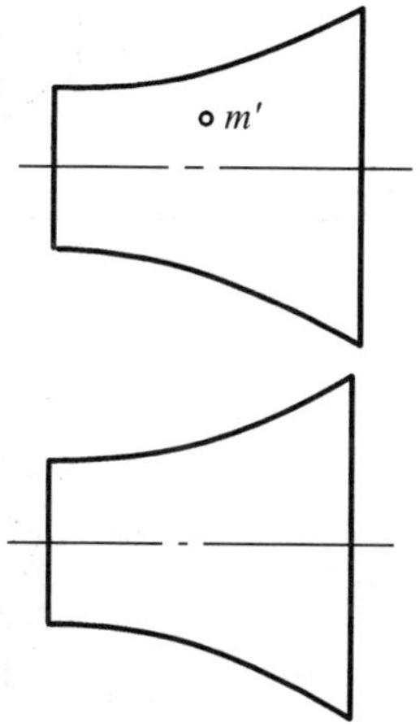


立体的投影(二)　作出立体的侧面投影,以及表面上线或点的另两面投影

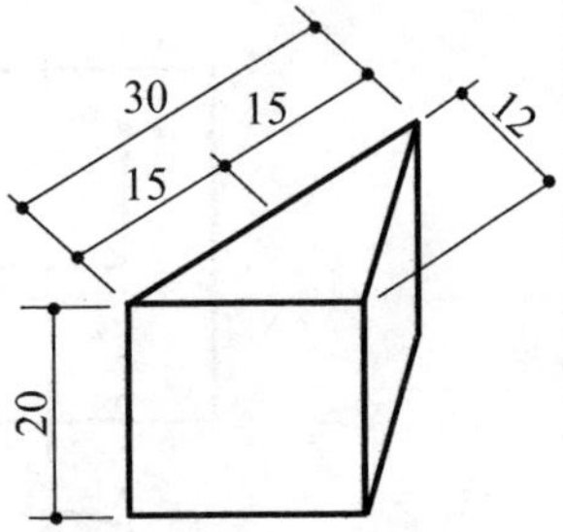
30
15
15
12
20

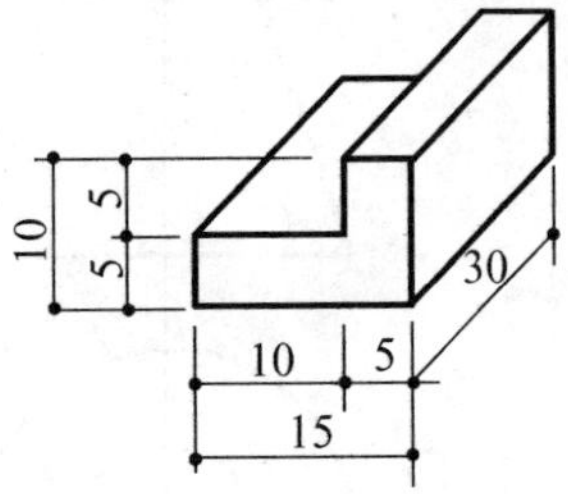
10
5
5
30
10
5
15

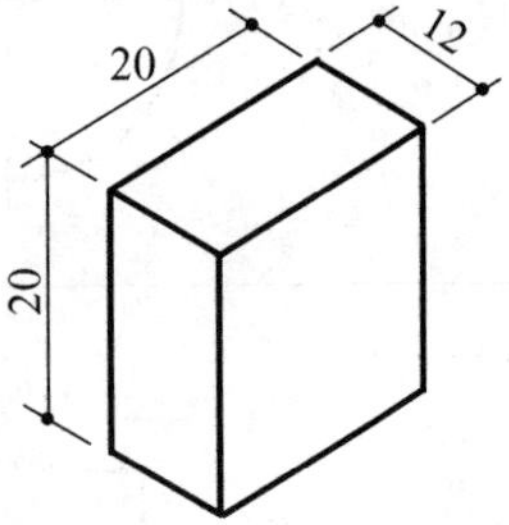
20
12
20

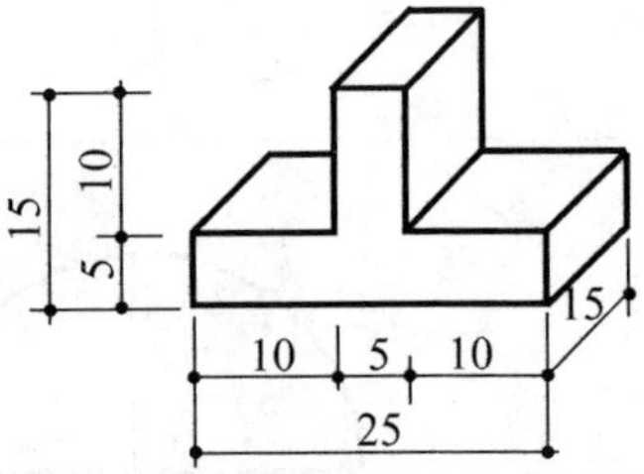
15
10
5
15
10
5
10
25

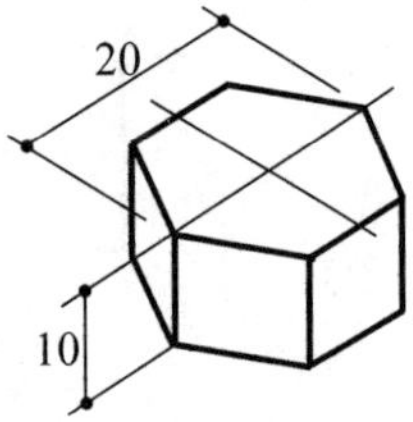
20
10

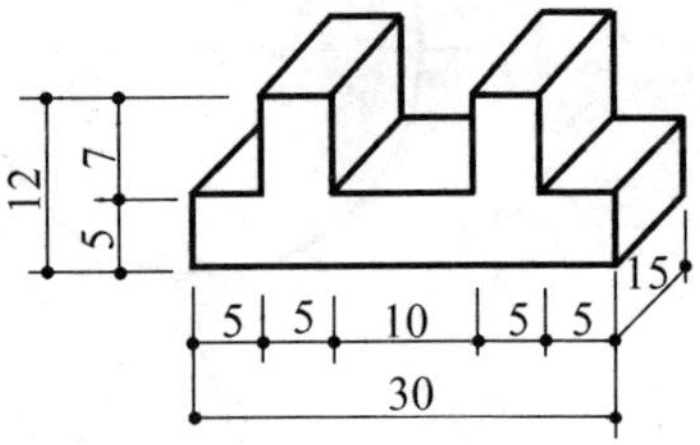
12
7
5
15
5
5
10
5
5
30

| | |
|---|---|
| 16 | 绘立体的三视图（一） |

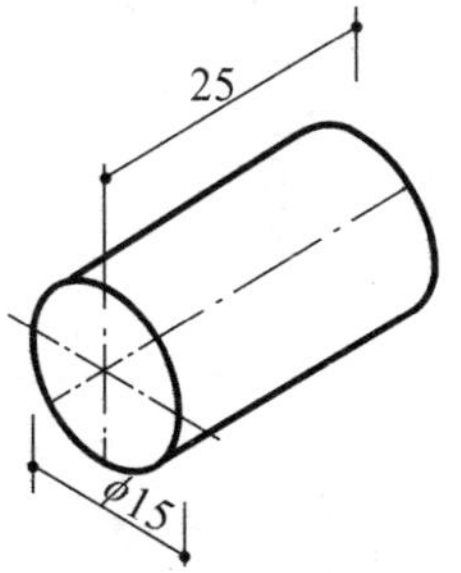


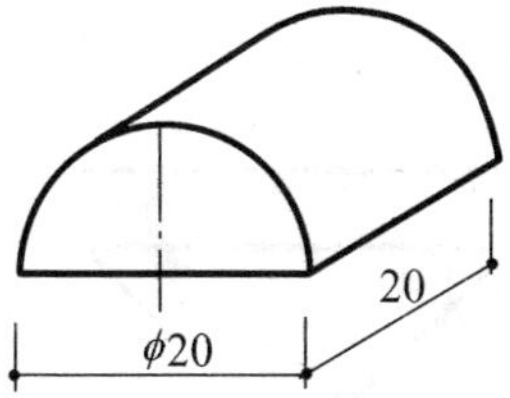


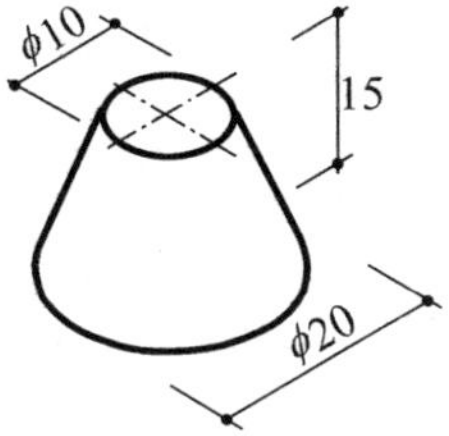


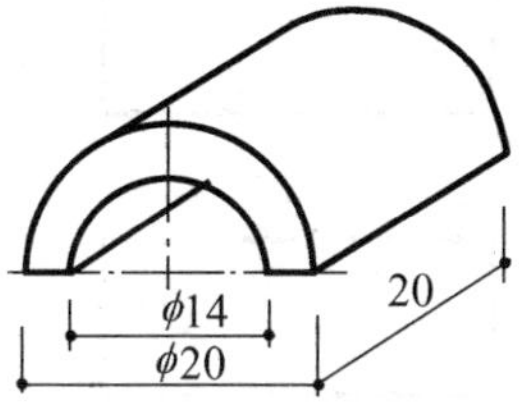


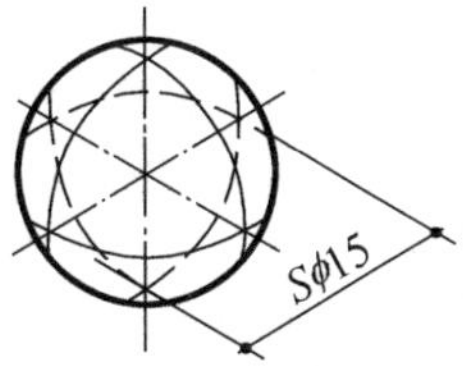


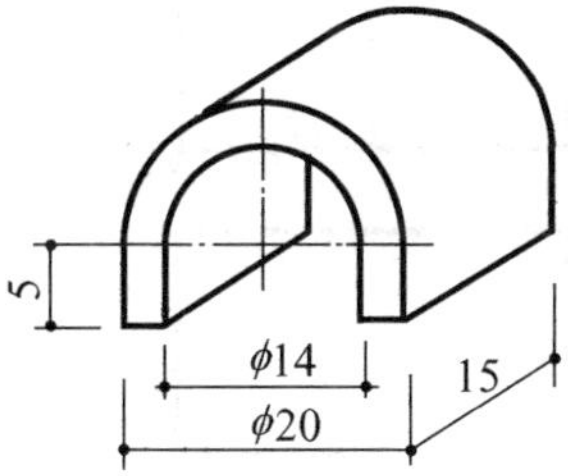


绘立体的三视图（二）

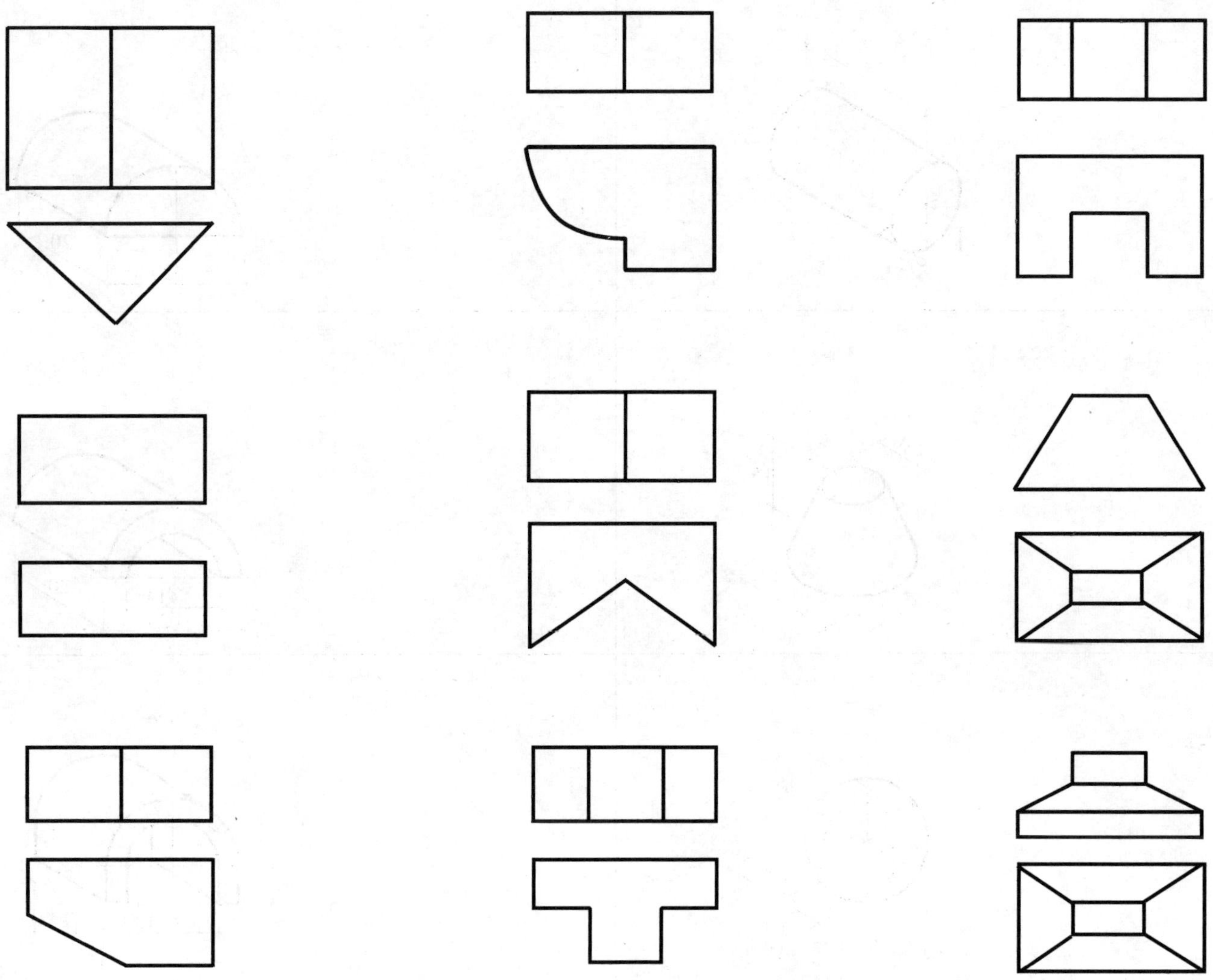



补绘第三视图（一）

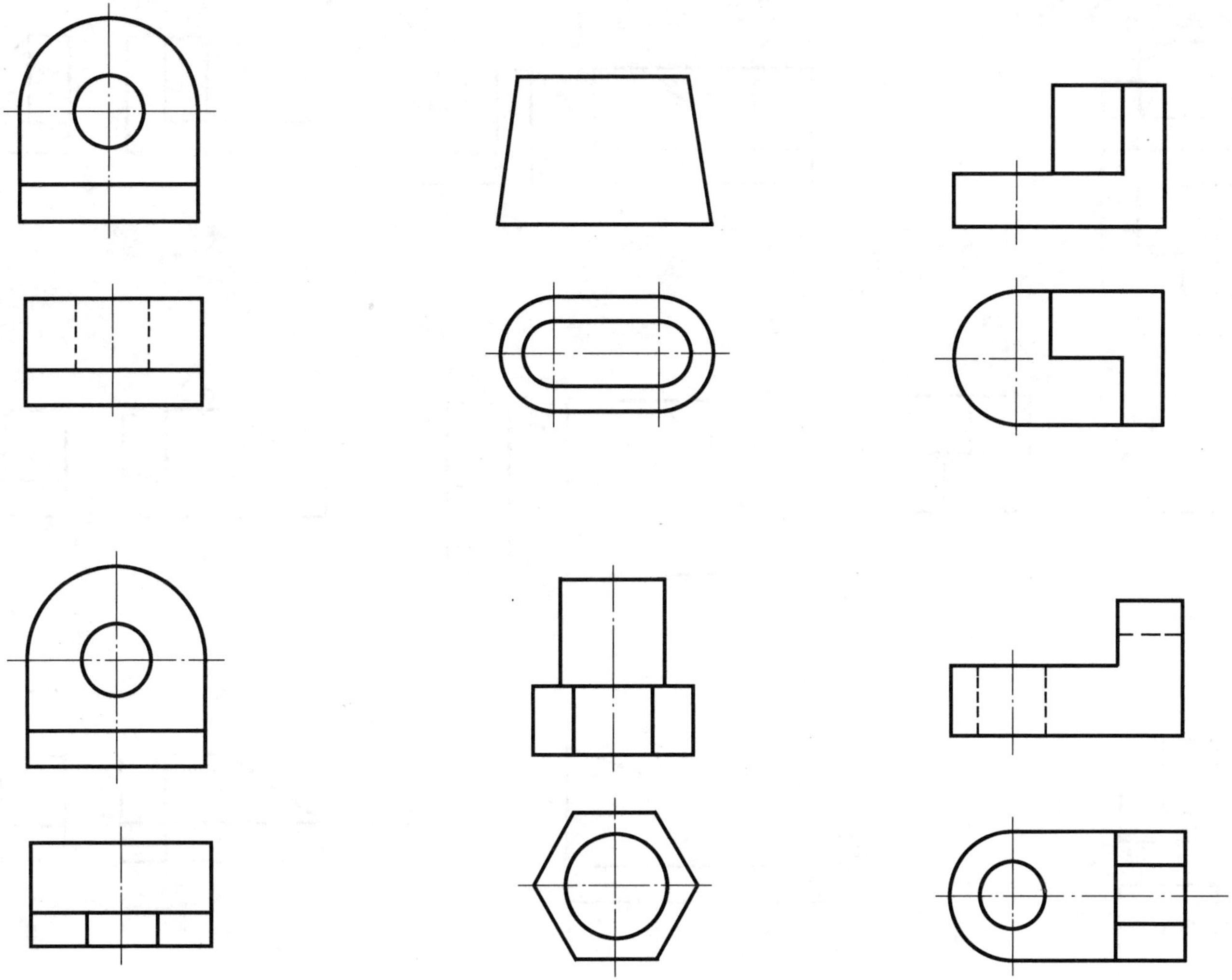

补绘第三视图（二）

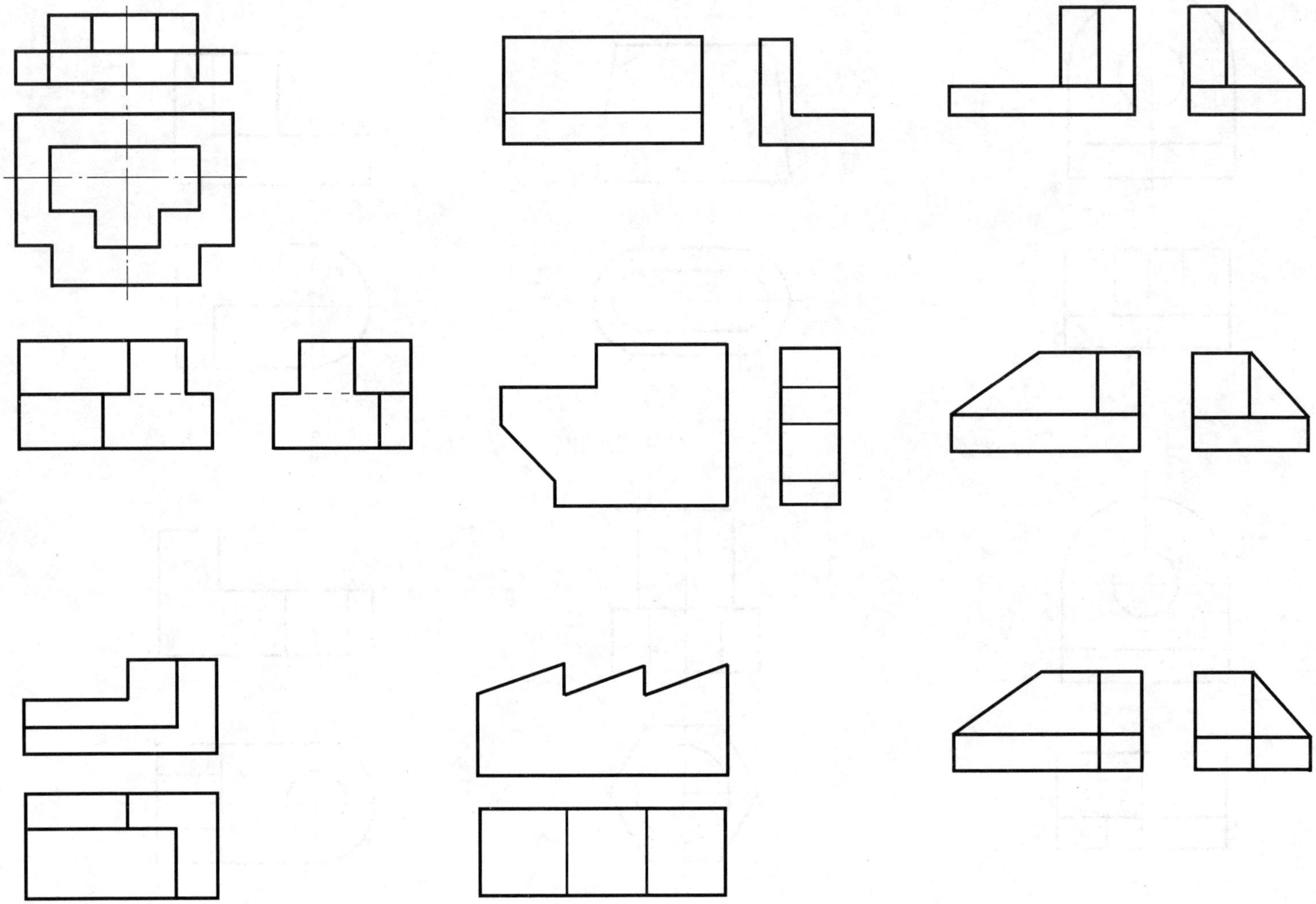



补绘第三视图（三）

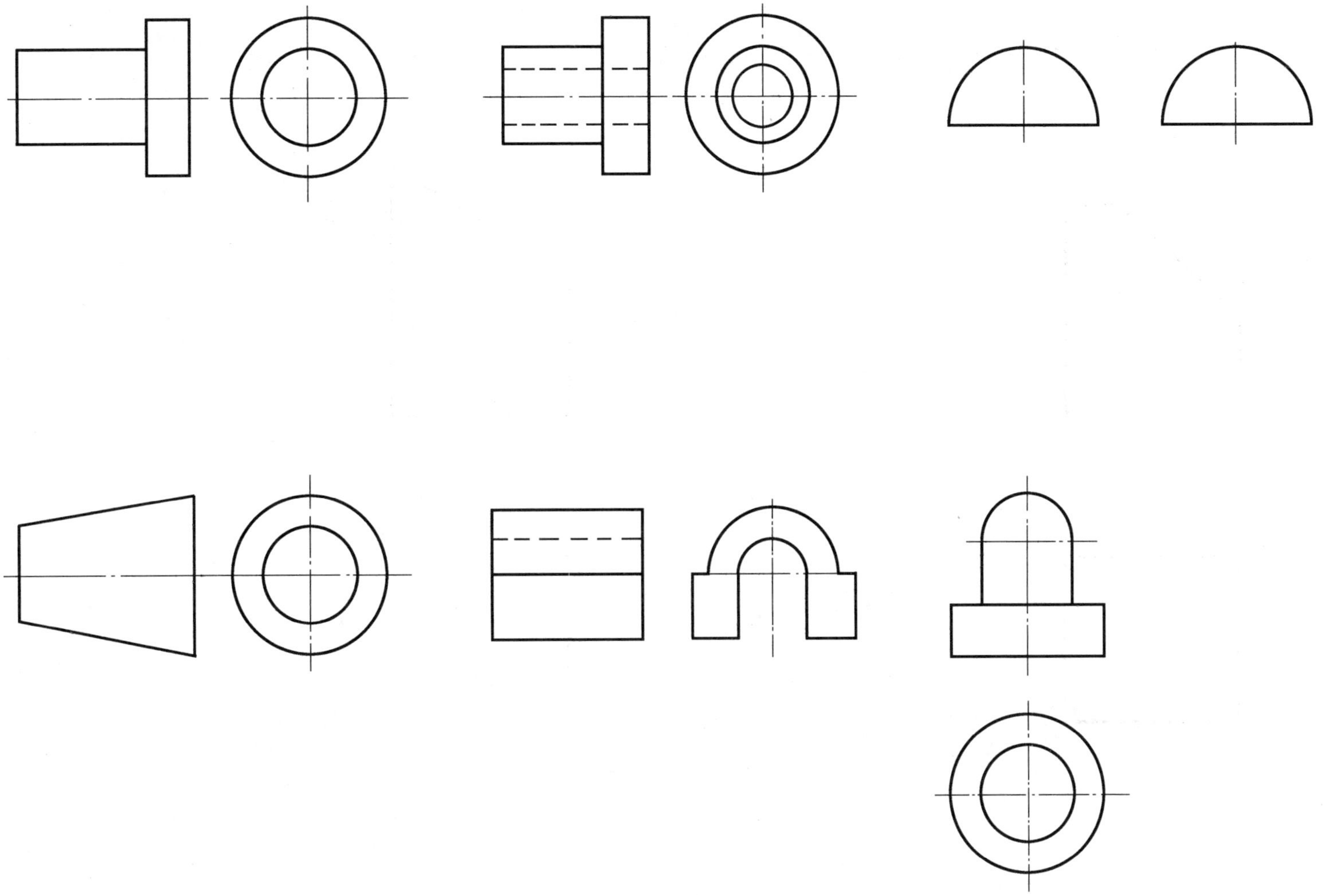

补绘第三视图（四）

(1)完成四棱柱被平面截切后的水平投影，并作出侧面投影。

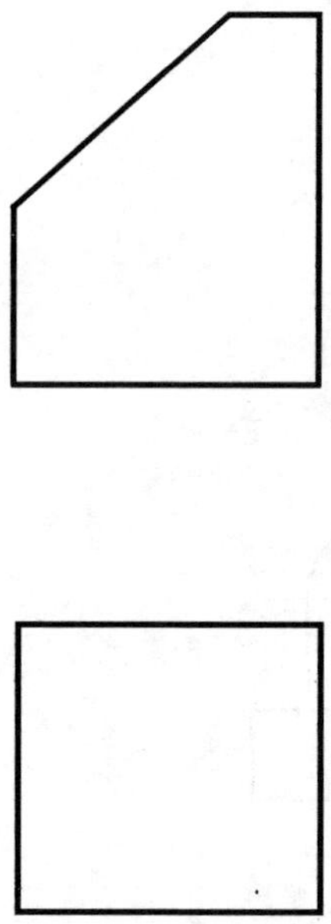

(2)作出三棱柱被平面截切后的侧面投影。

(1) 作出六棱柱被平面截切后的侧面投影。

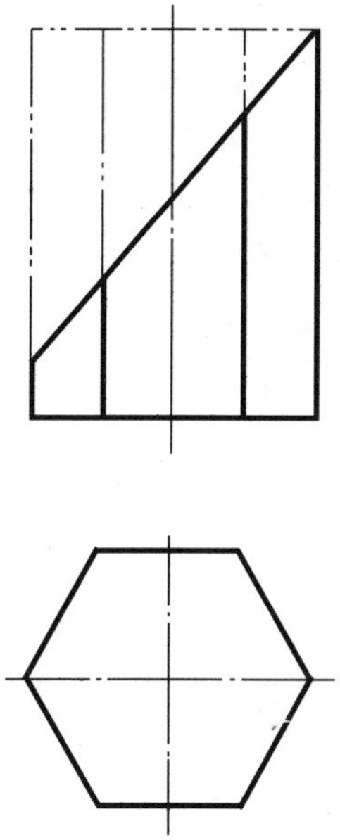

(2) 完成三棱锥被平面截切后的水平投影，并作出侧面投影。

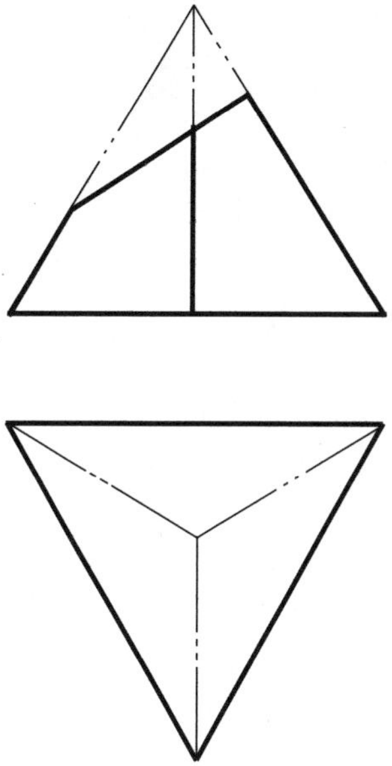

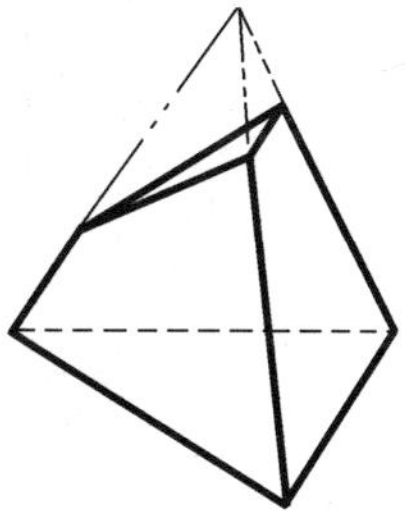

(1)作出圆锥体被截切后的侧面投影。

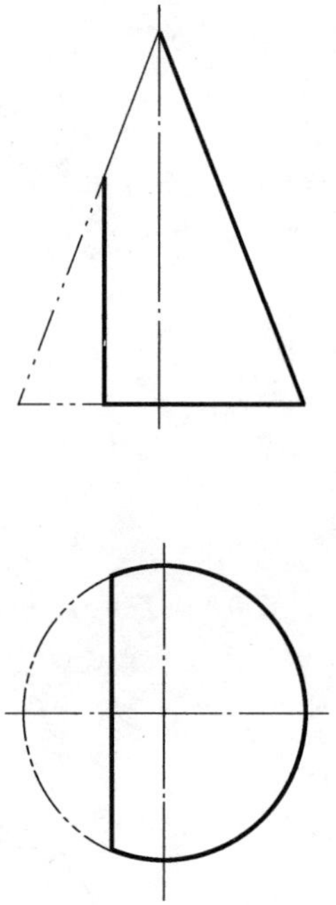

(2)作出圆球被截切后的侧面投影，并完成水平投影。

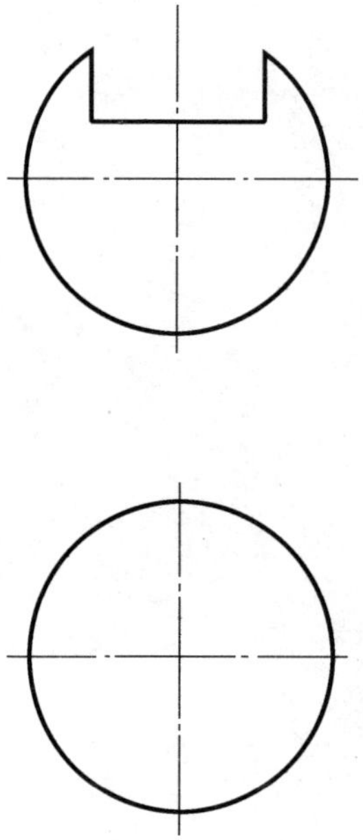

(1) 完成圆柱体被截切后的三面投影。

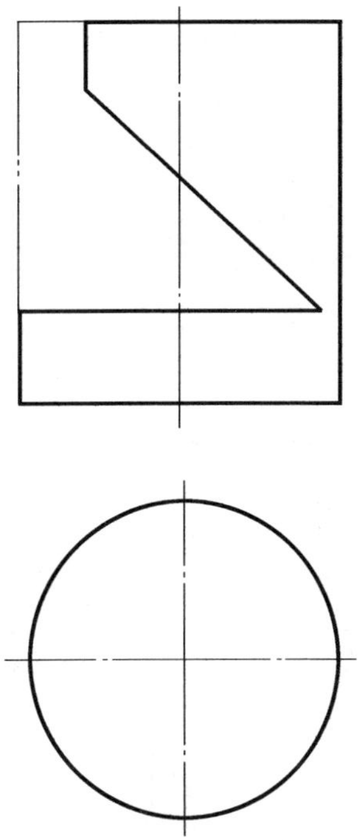

(2) 补画正面投影和侧面投影。

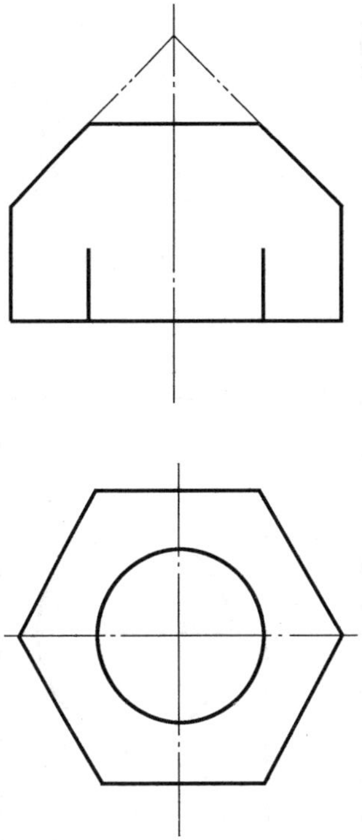

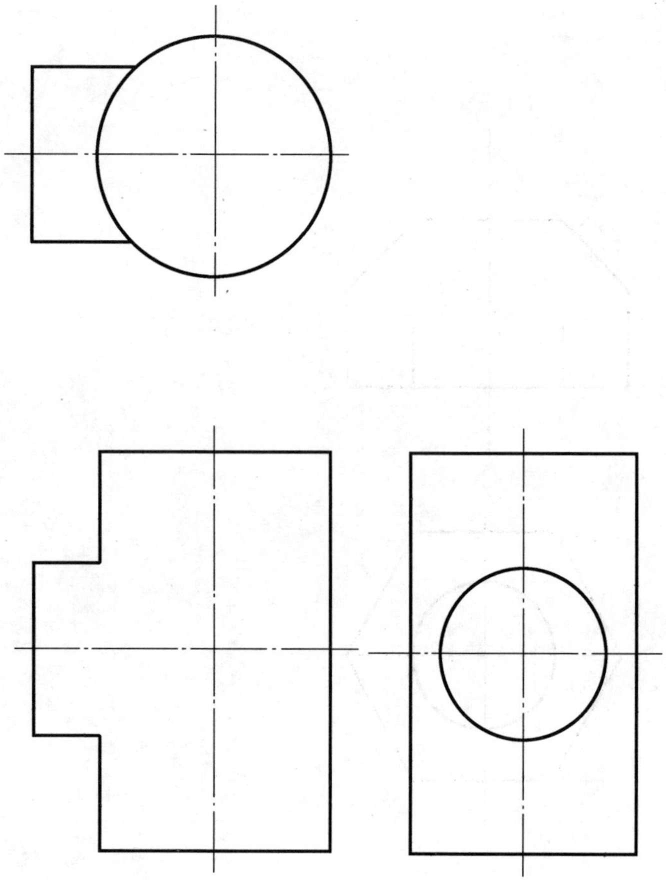

(1)

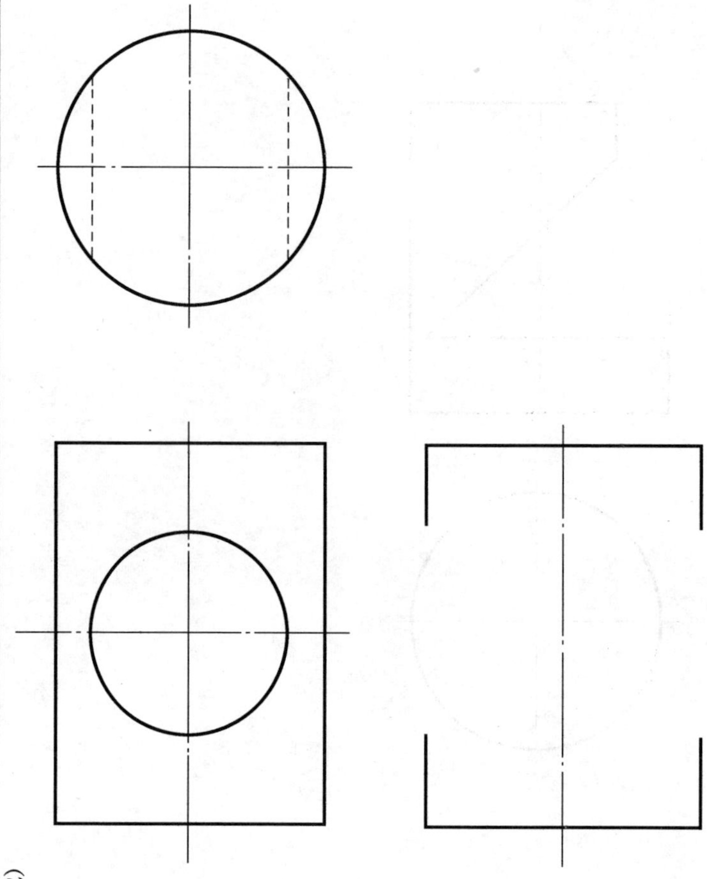

(2)



立体的相贯线（一）

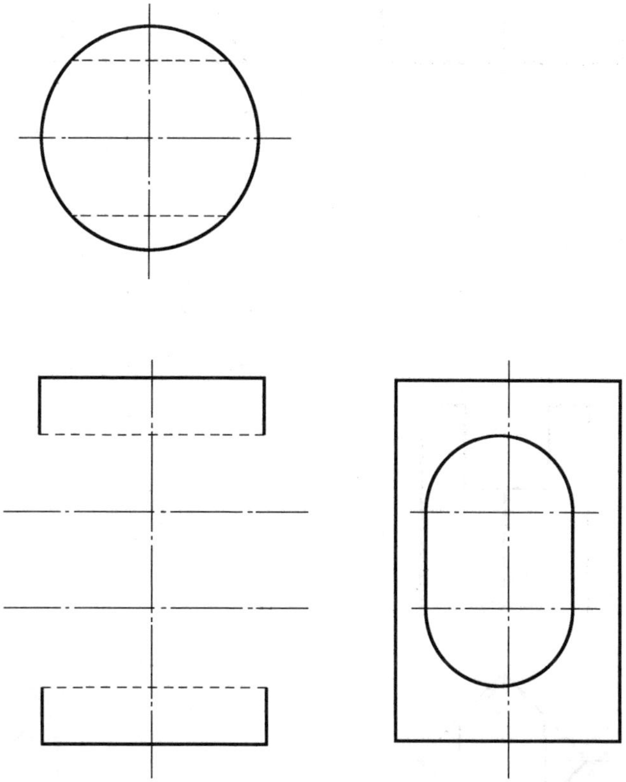

(1)

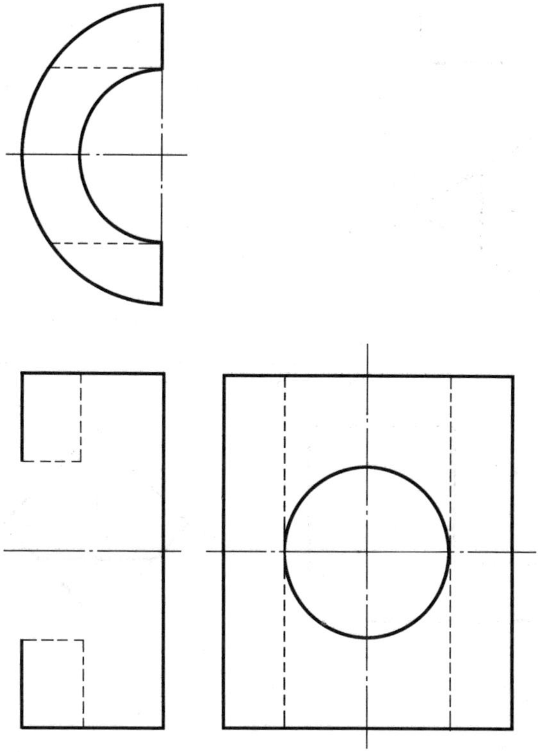

(2)

立体的相贯线（二）

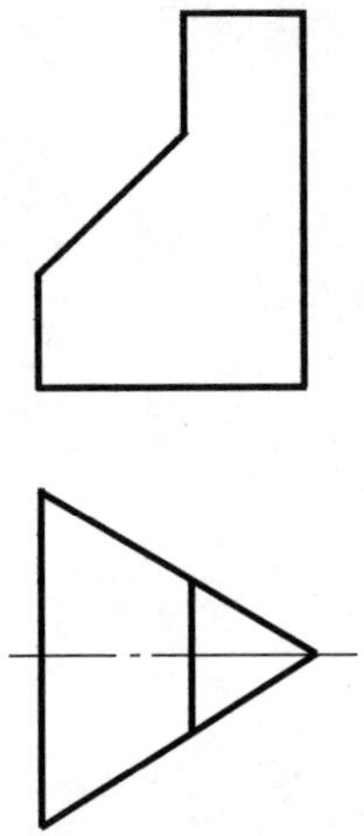

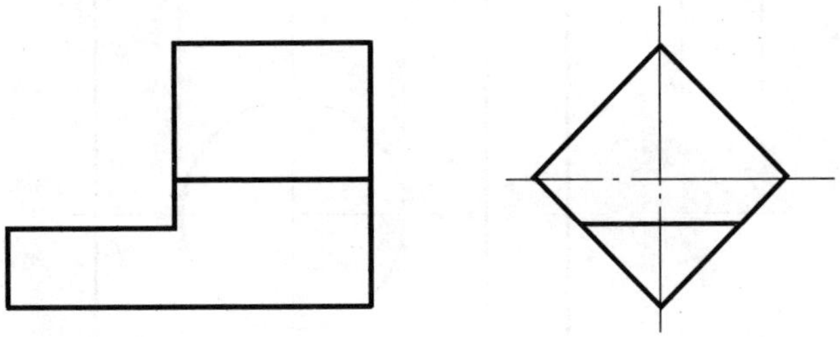

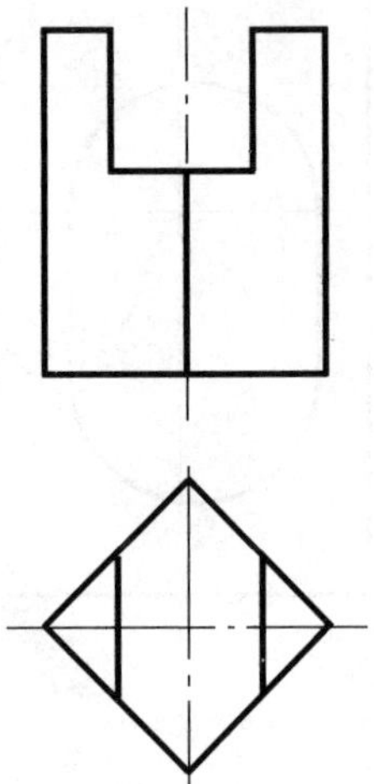



读图——补绘第三视图（一）

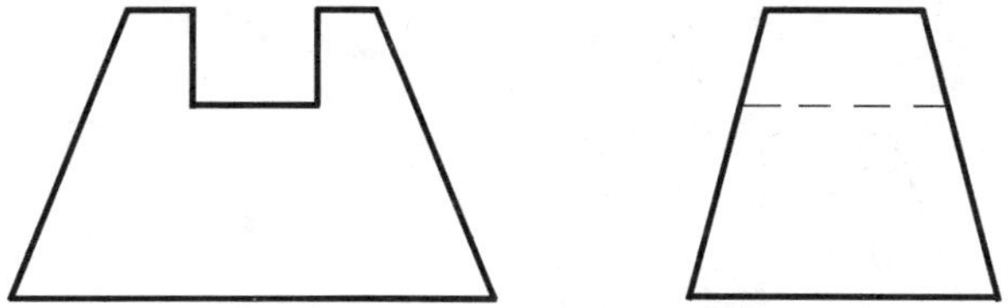

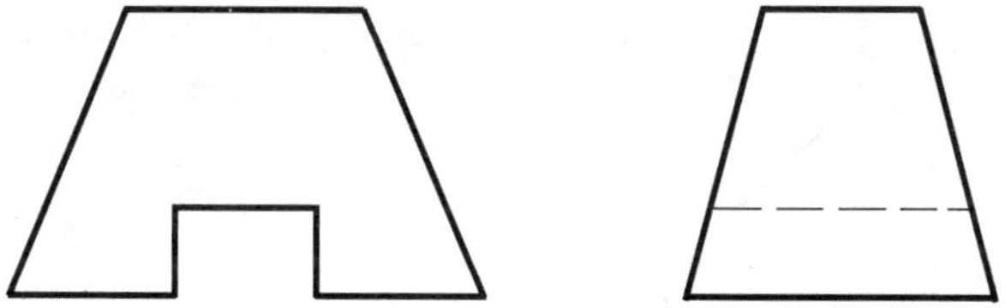

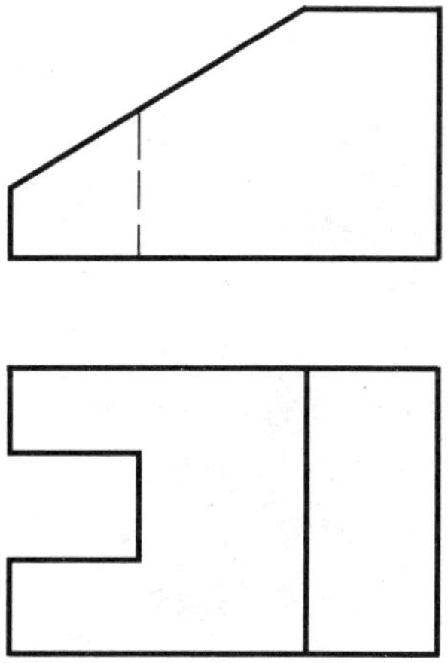

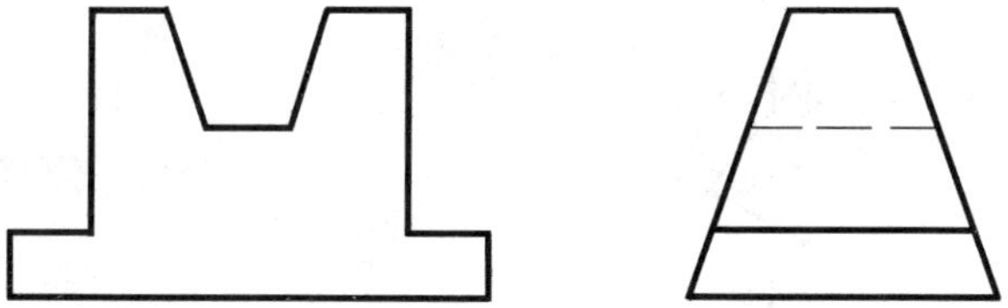

读图——补绘第三视图（二）

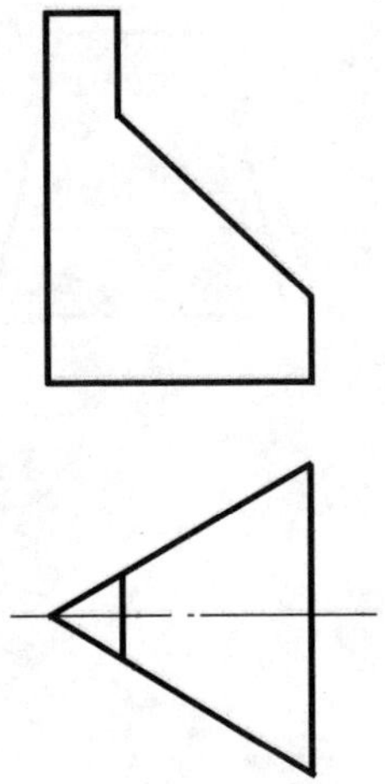

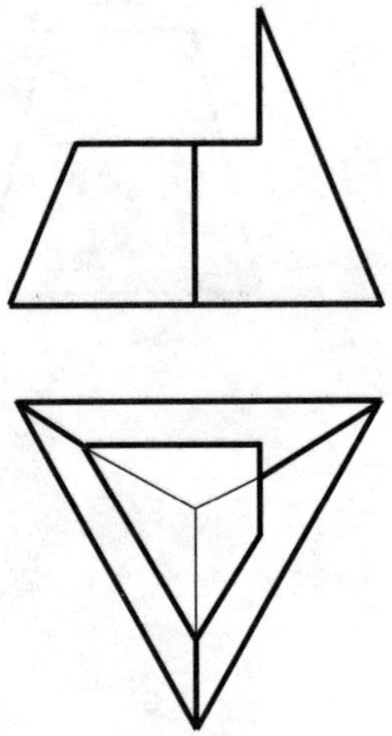

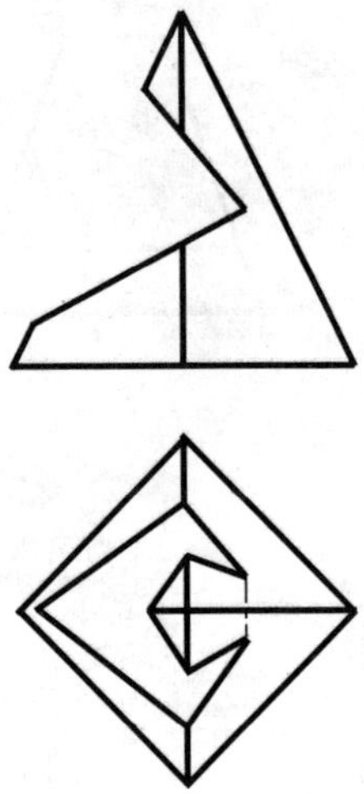

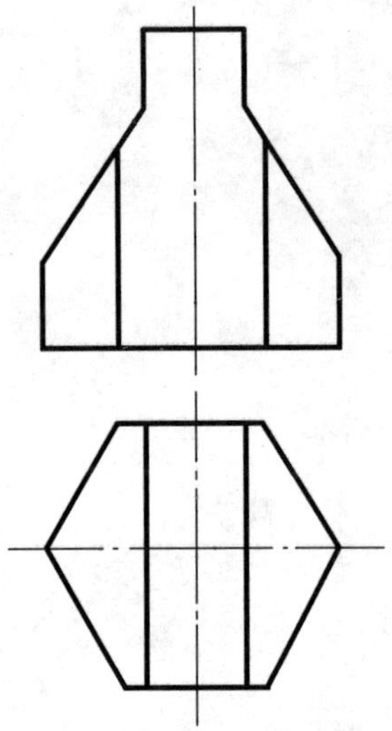



读图——补绘第三视图（三）

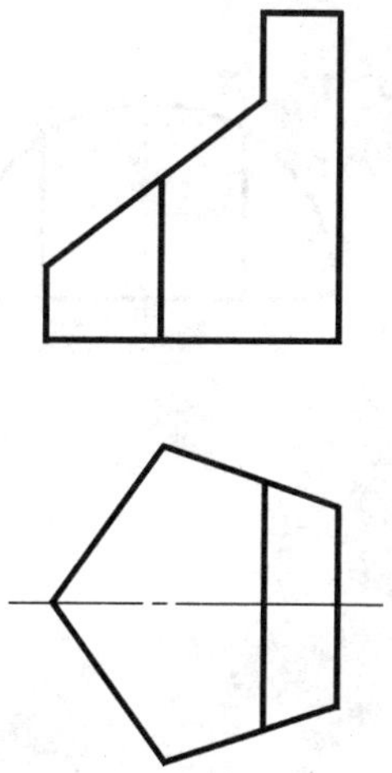

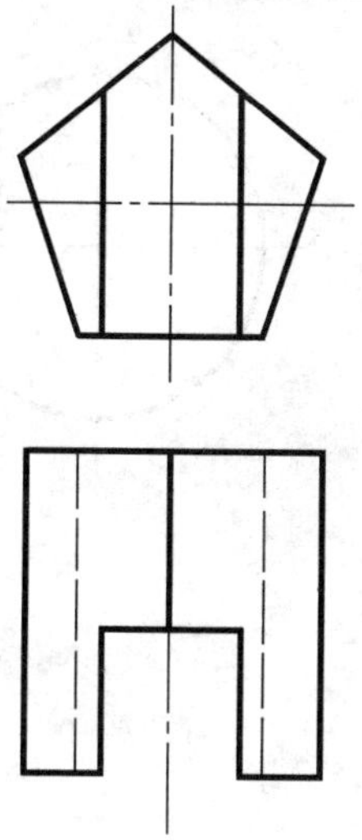

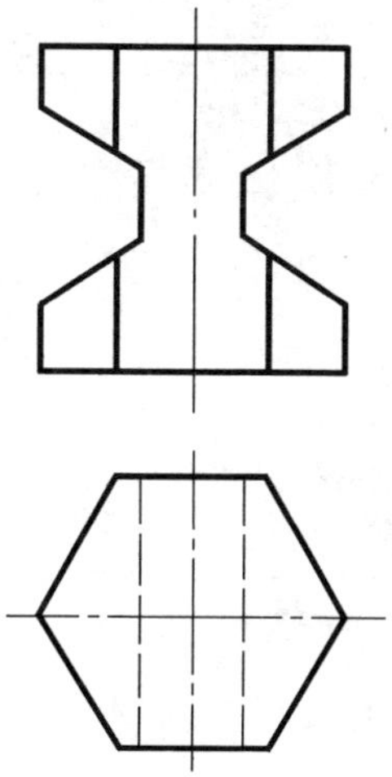

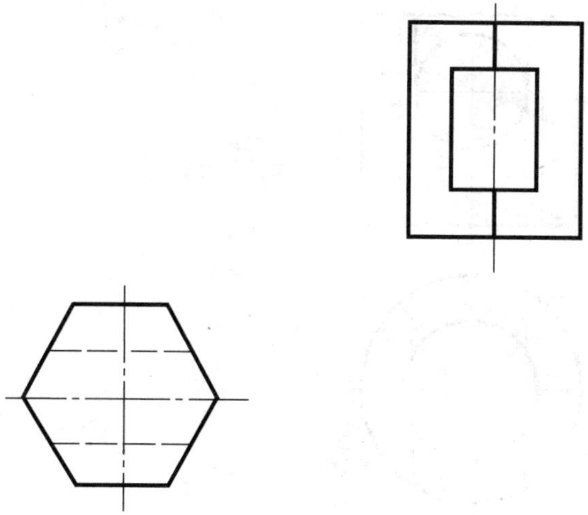

读图——补绘第三视图（四）

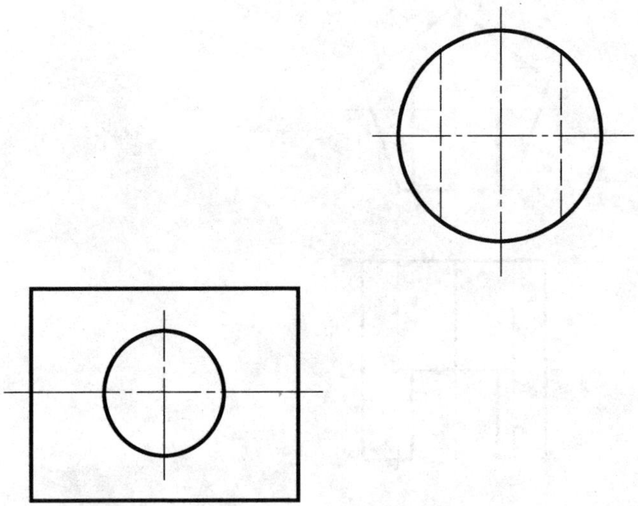

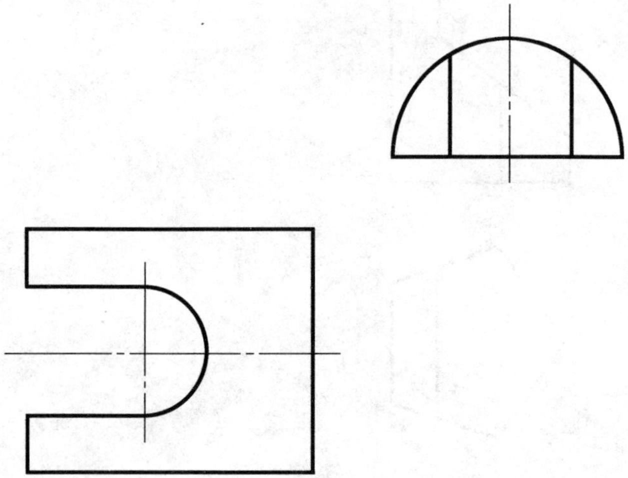

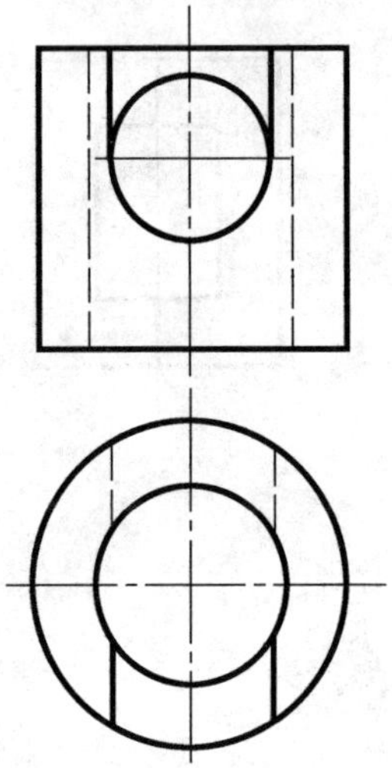

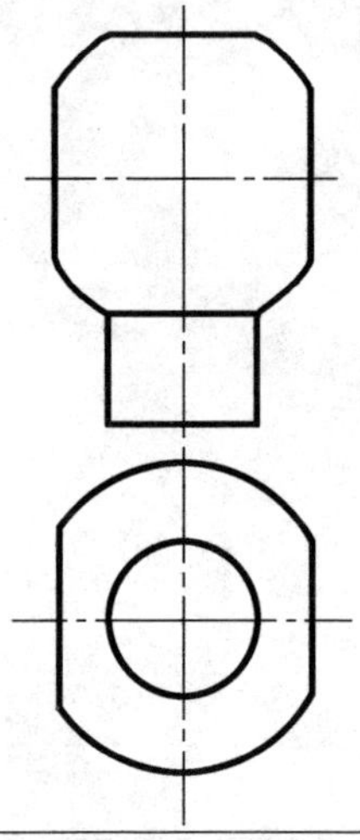



读图——补绘第三视图（五）

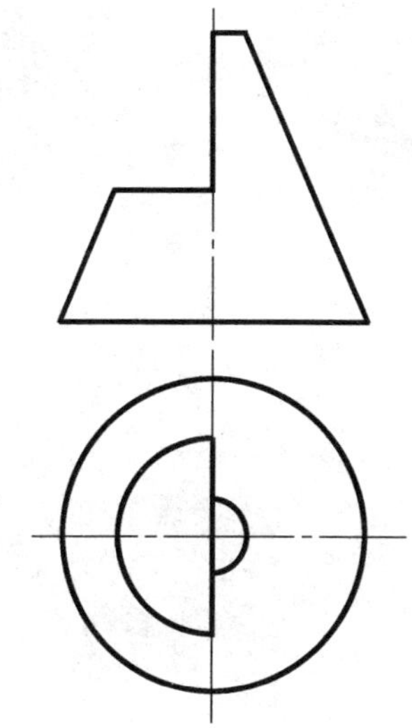

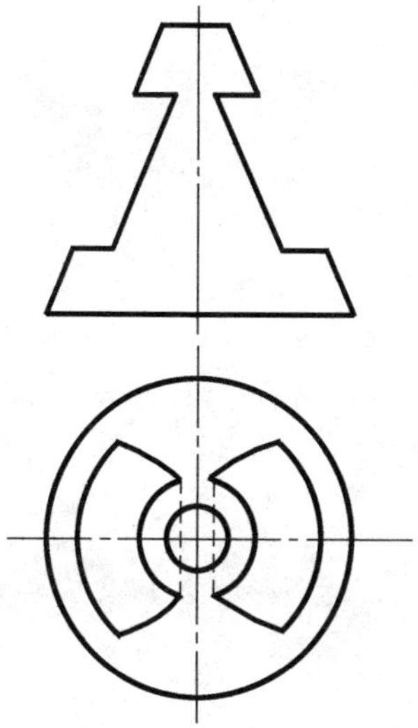

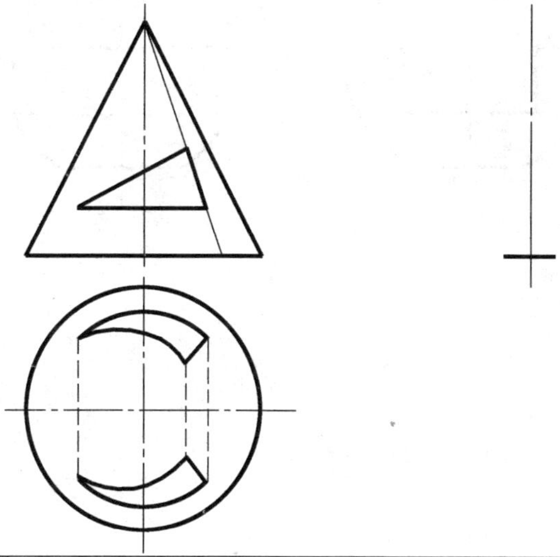

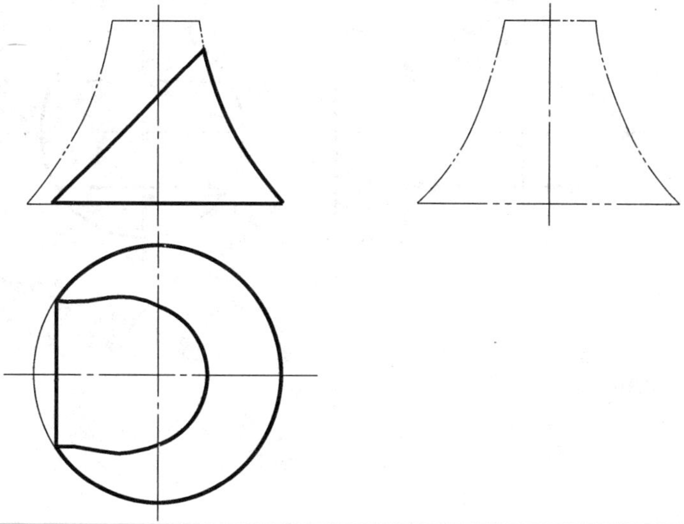

读图——补绘第三视图（六）

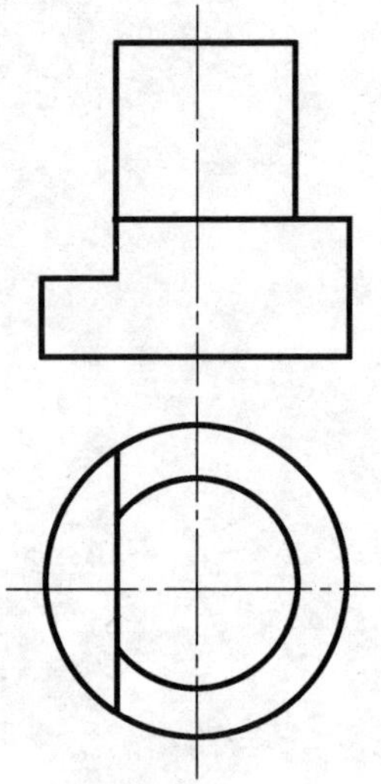

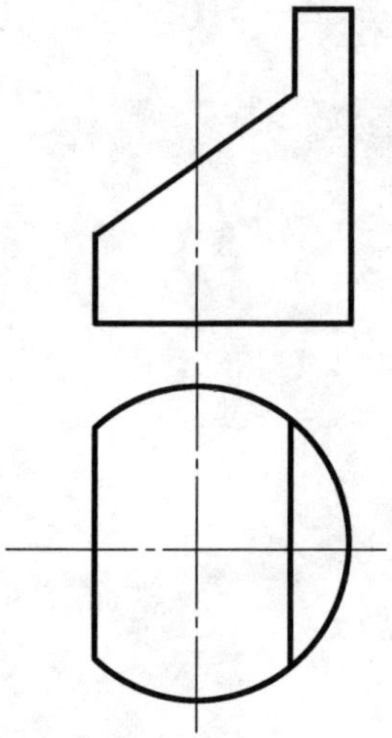

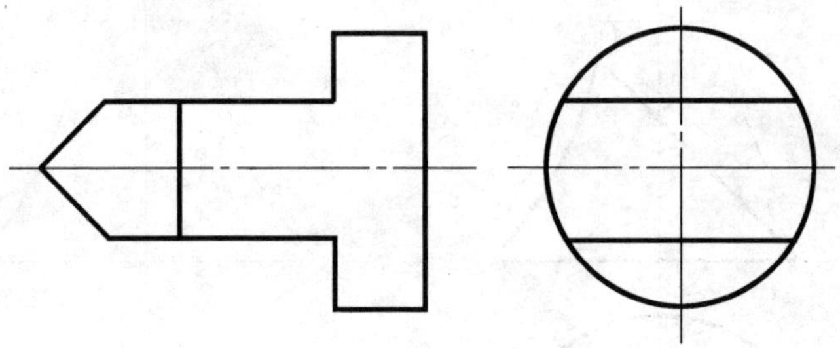

读图——补绘第三视图（七）

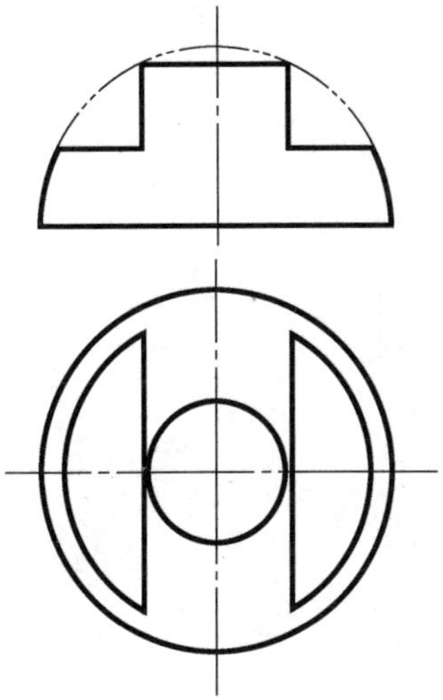

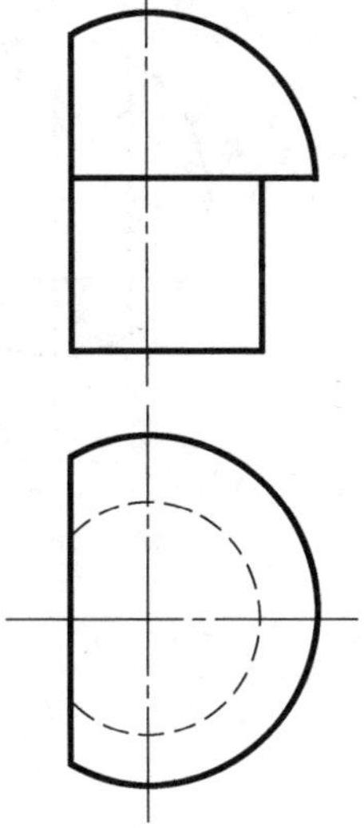

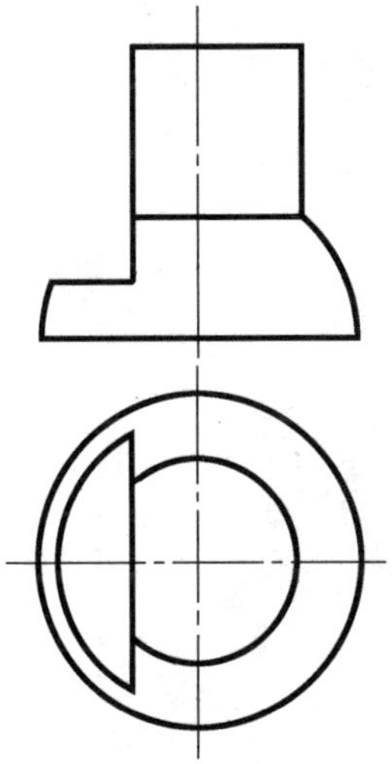

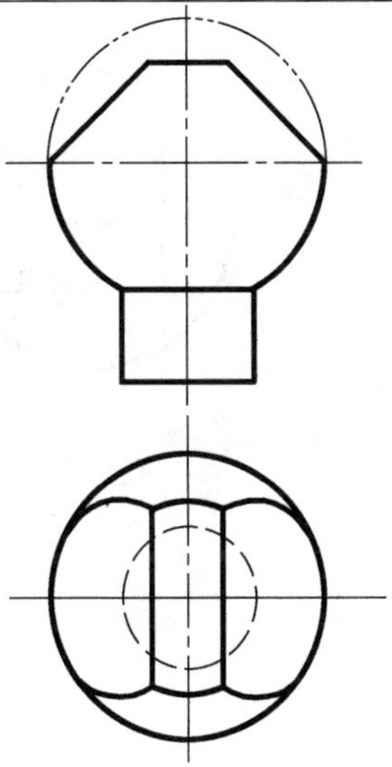

读图——补绘第三视图（八）

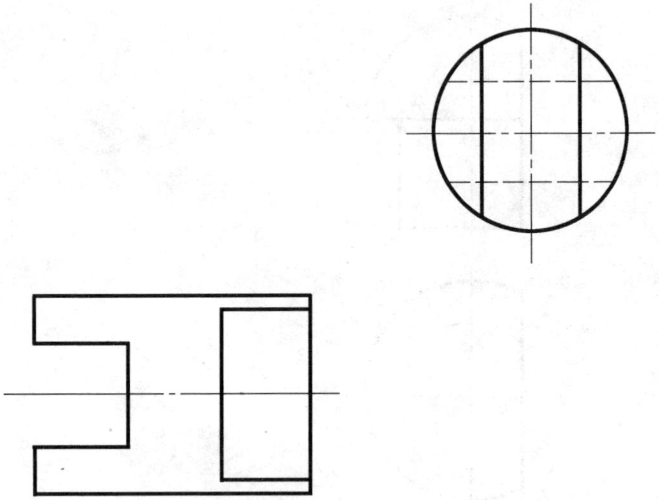

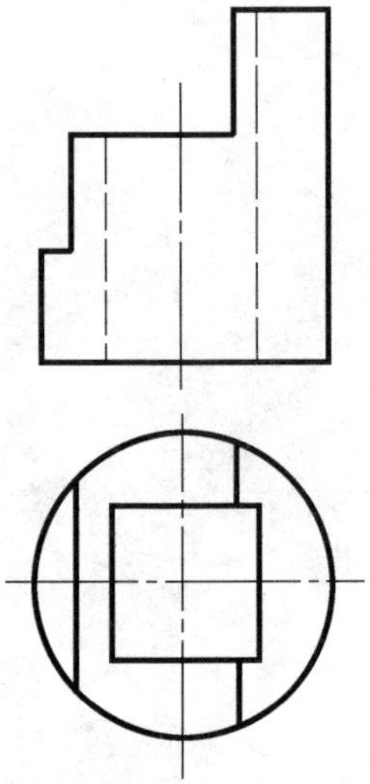

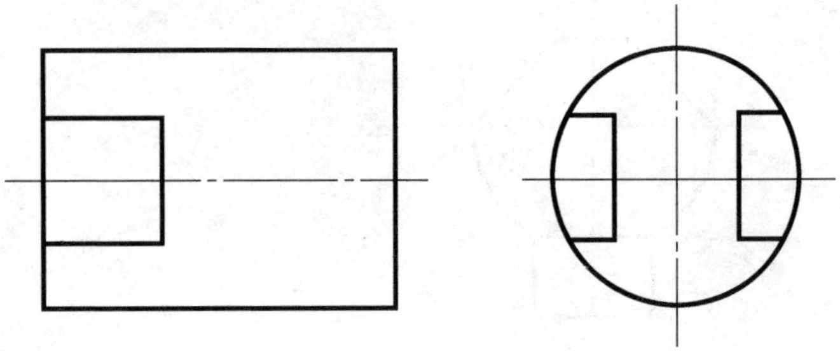

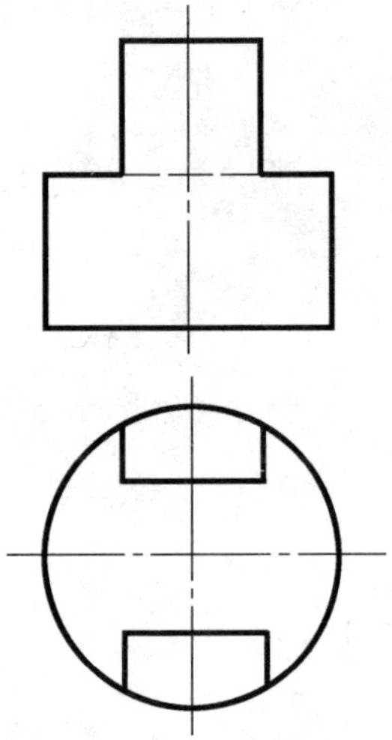

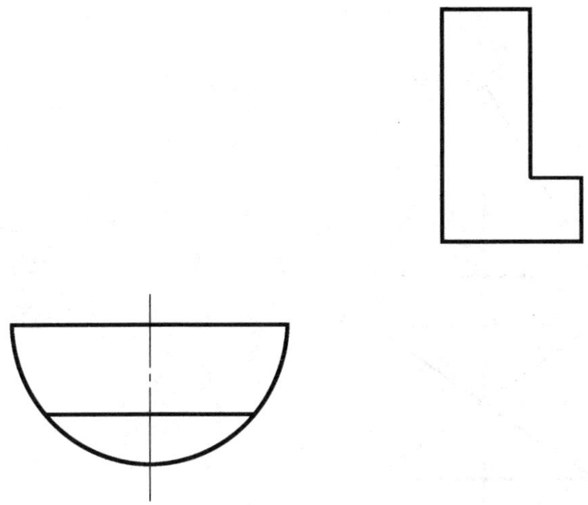

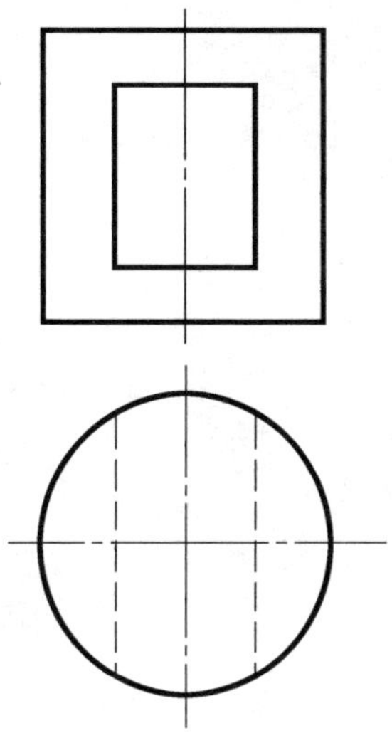

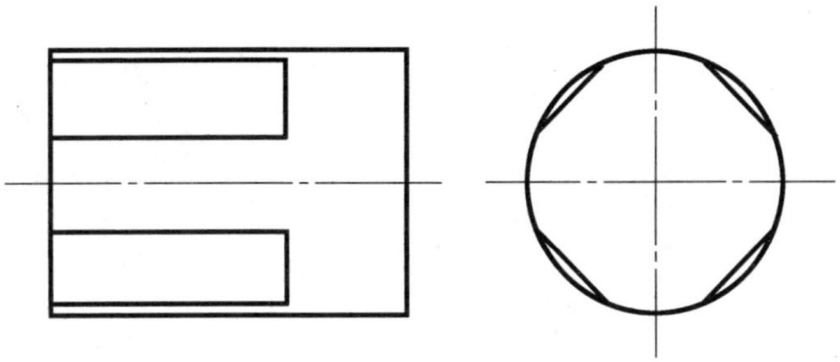

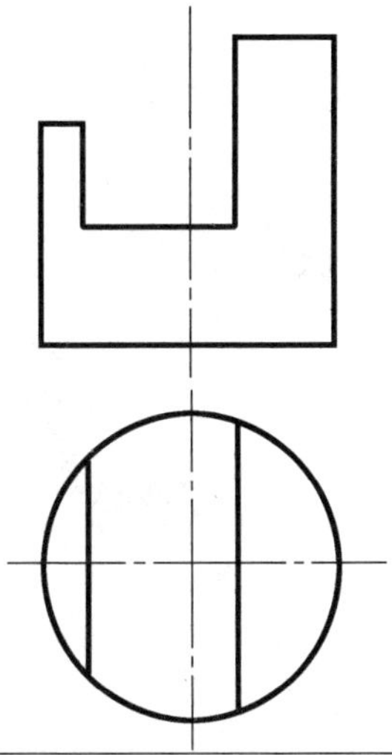

读图——补绘第三视图（十）

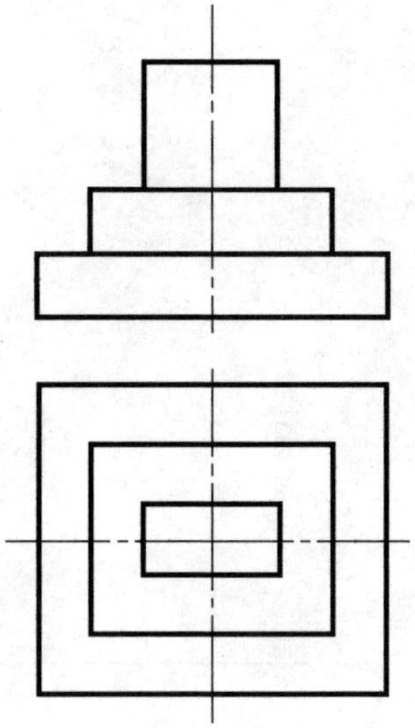

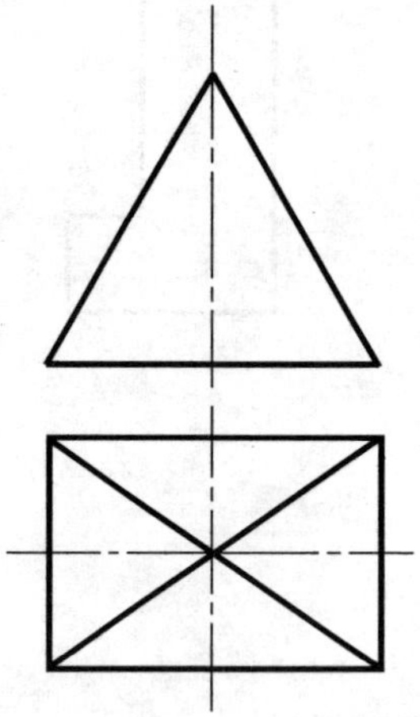



轴测投影——正等轴测图（一）

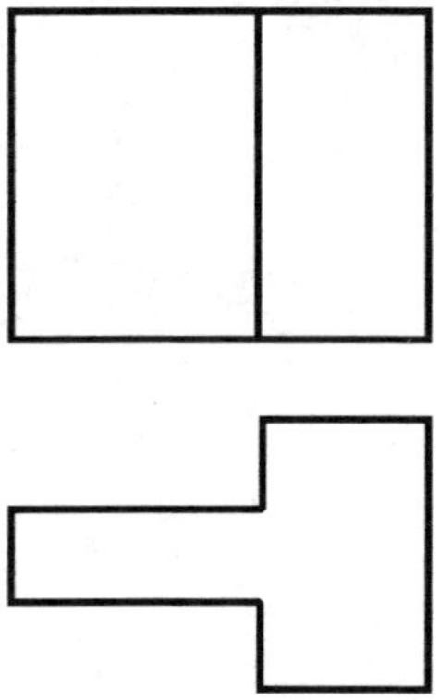

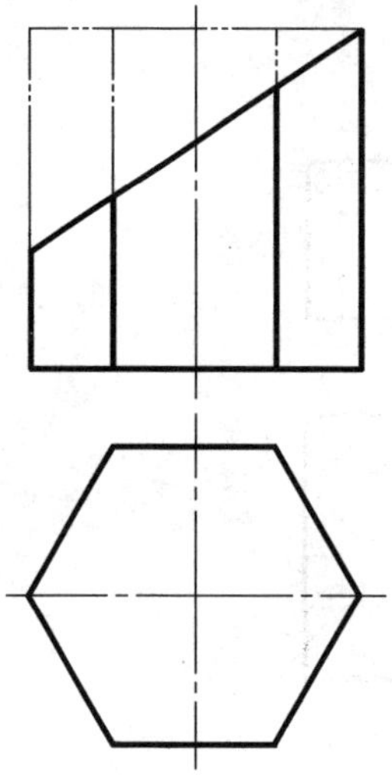

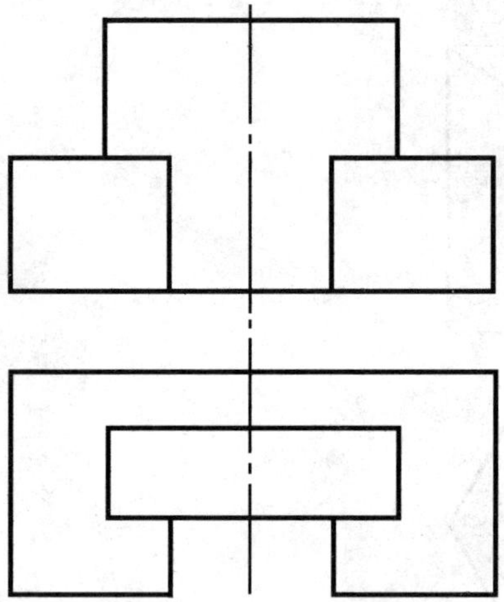

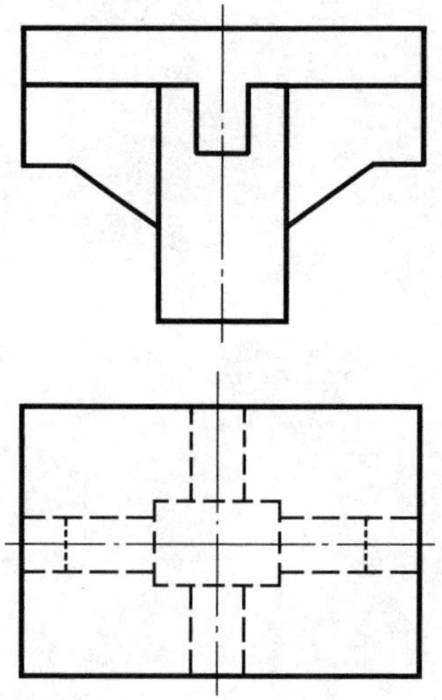

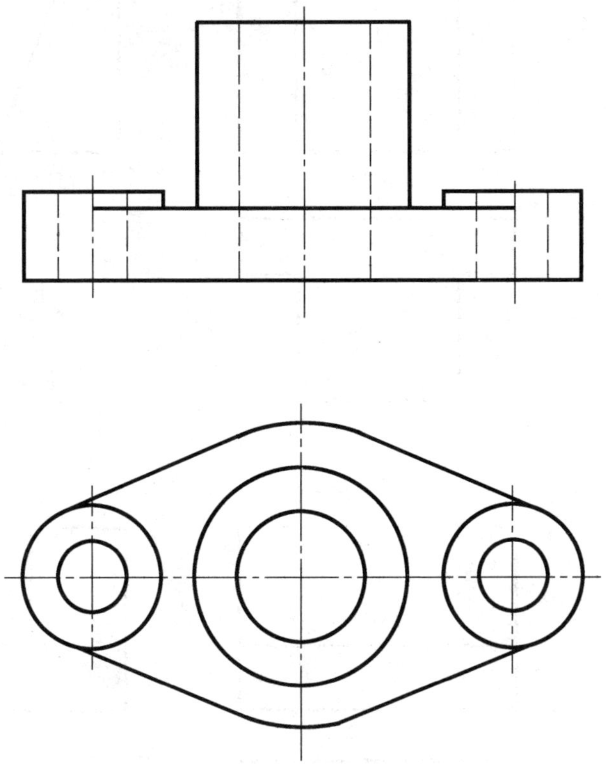

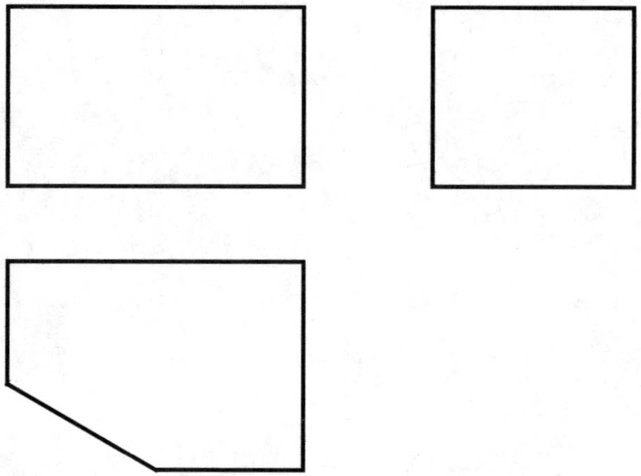

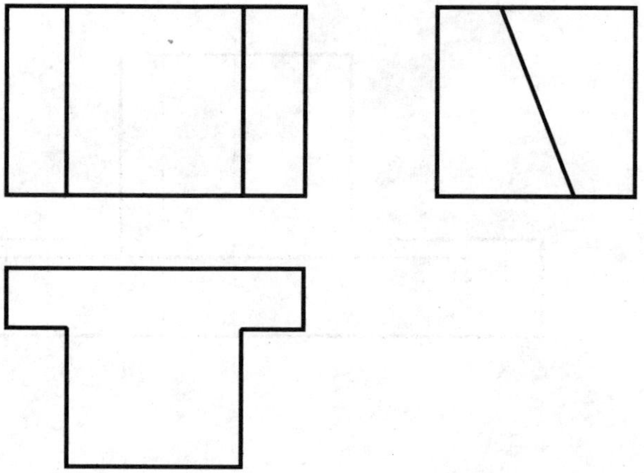

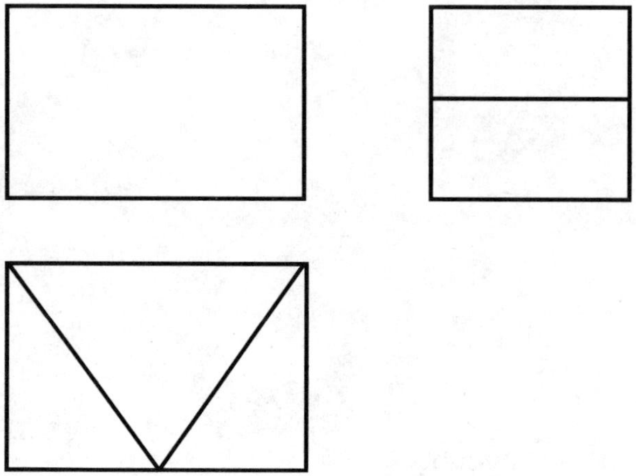

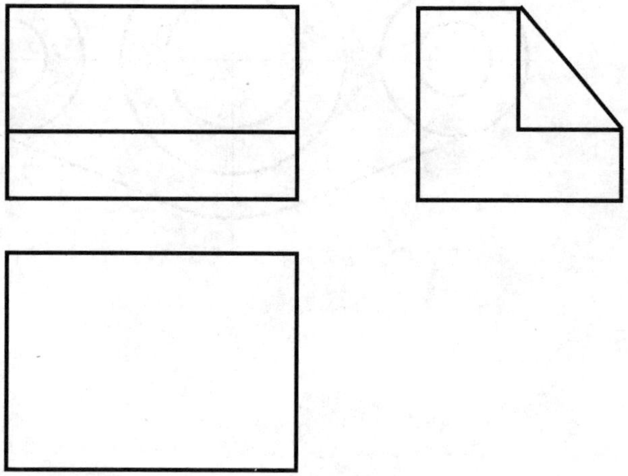



组合体——补全图线（一）

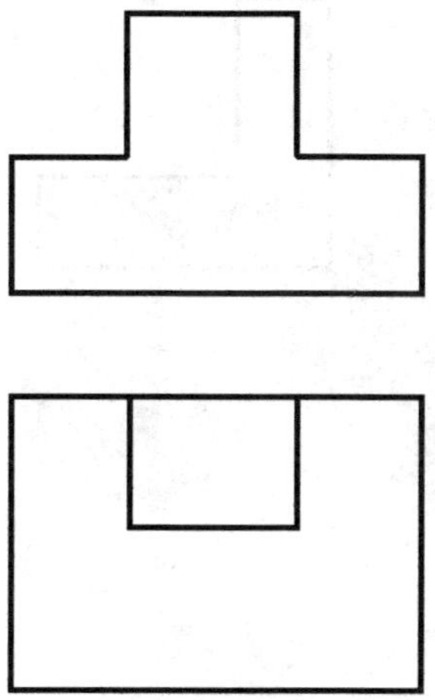

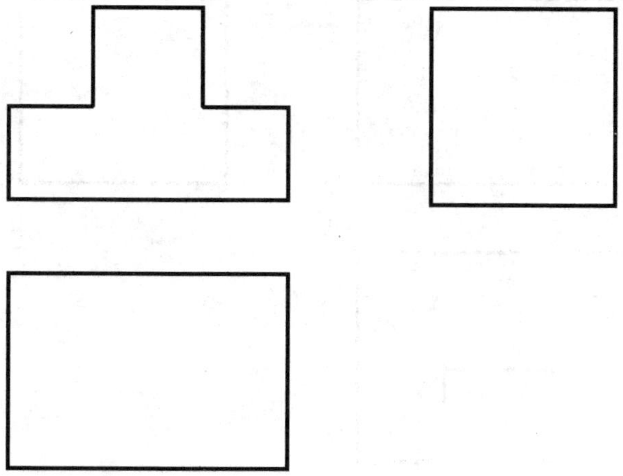

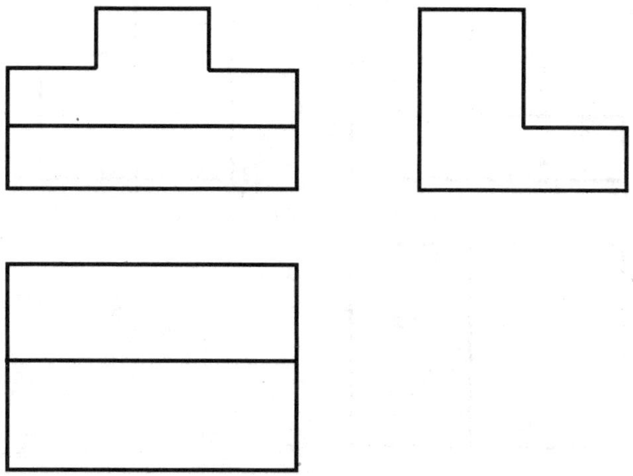

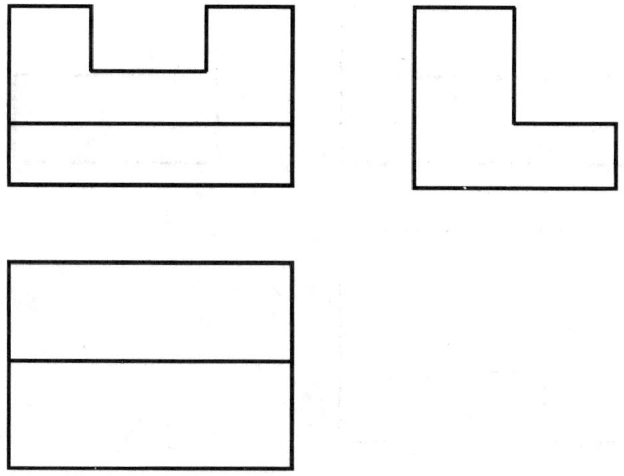

组合体——补全图线（二）

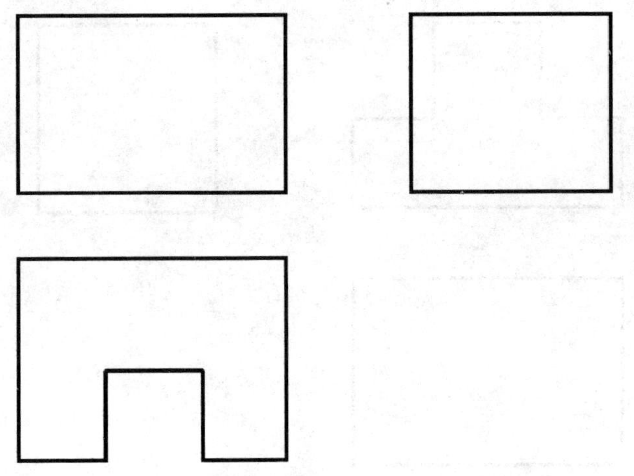

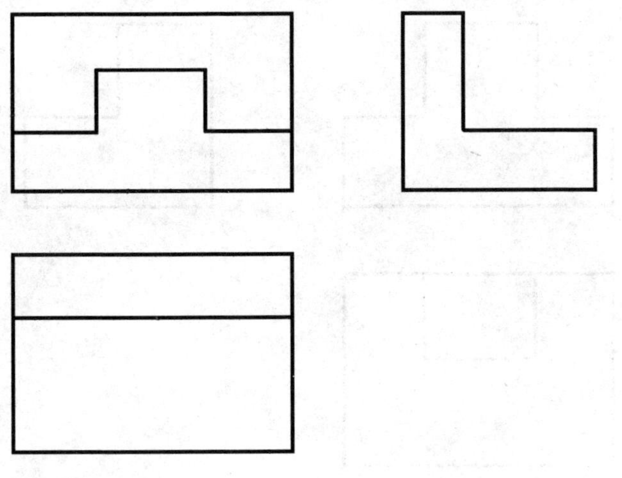

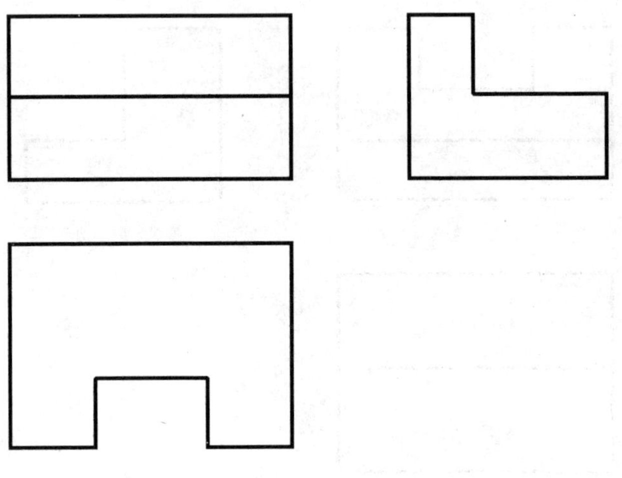

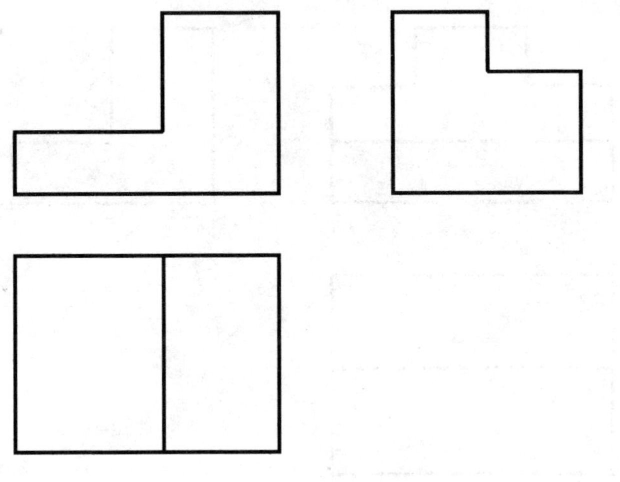



组合体——补全图线（三）

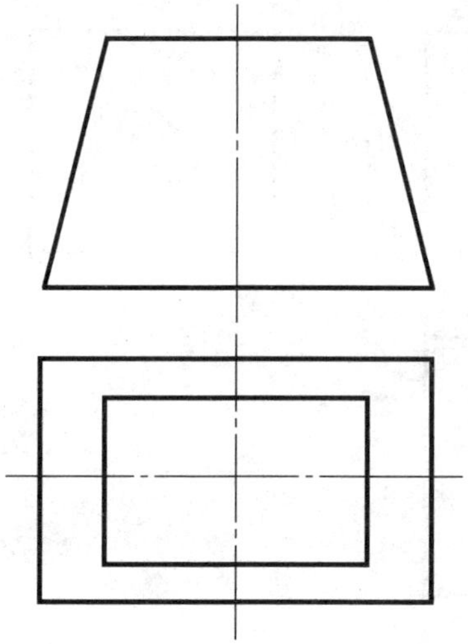

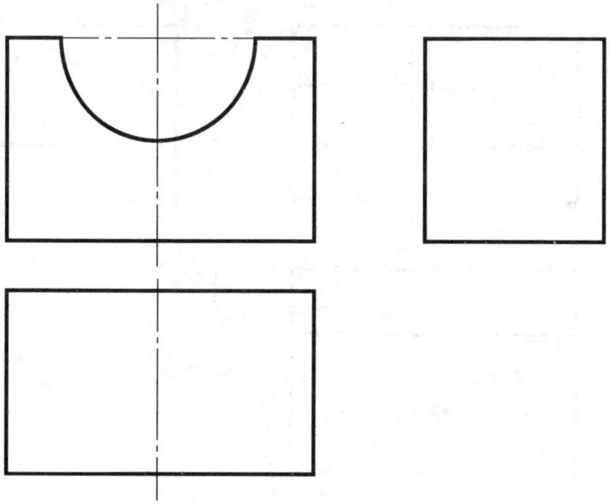

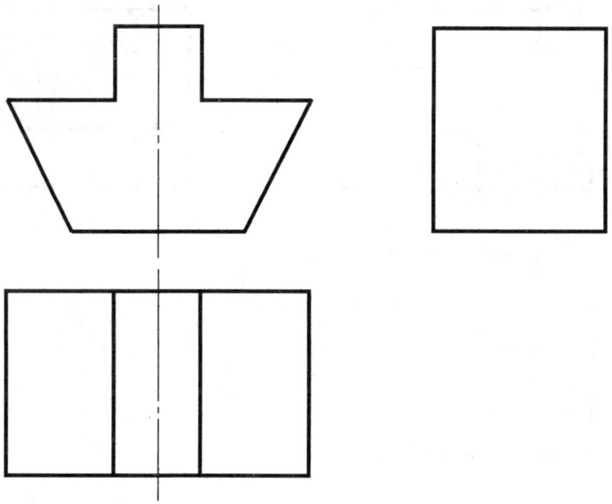

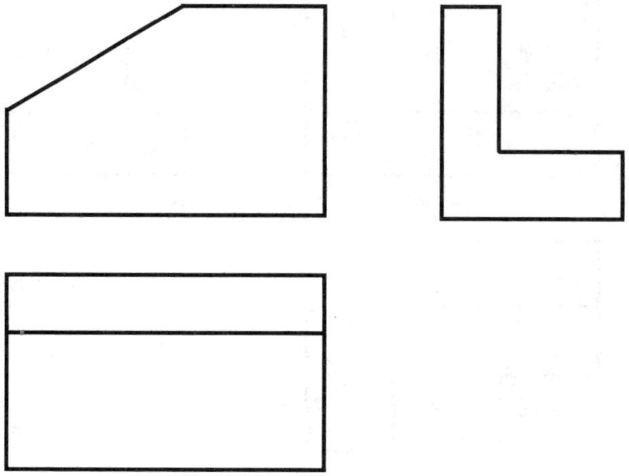

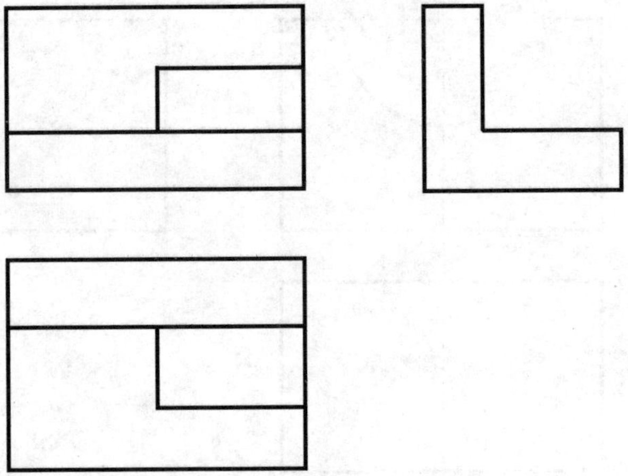

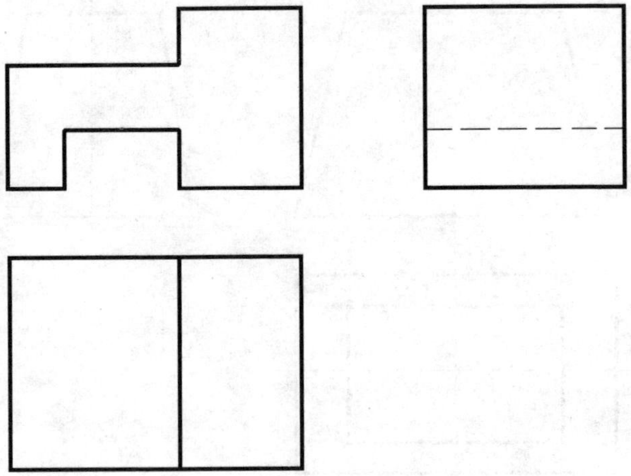

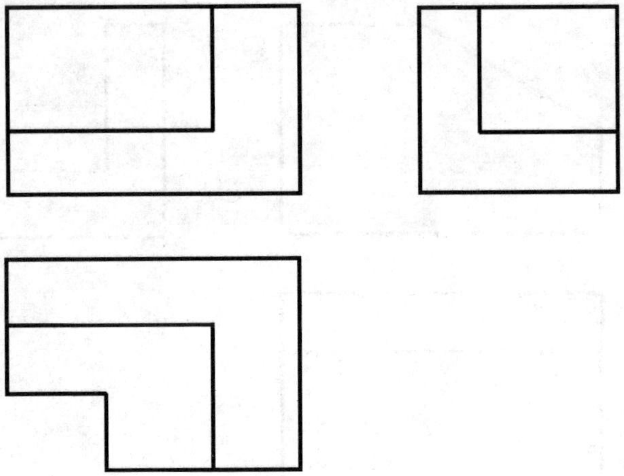

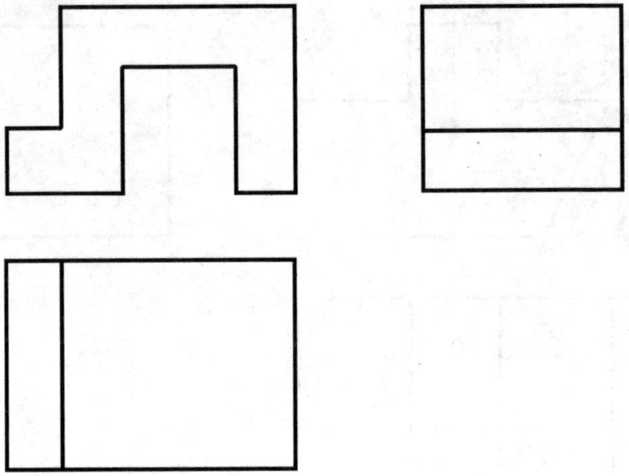



组合体——补全图线（五）

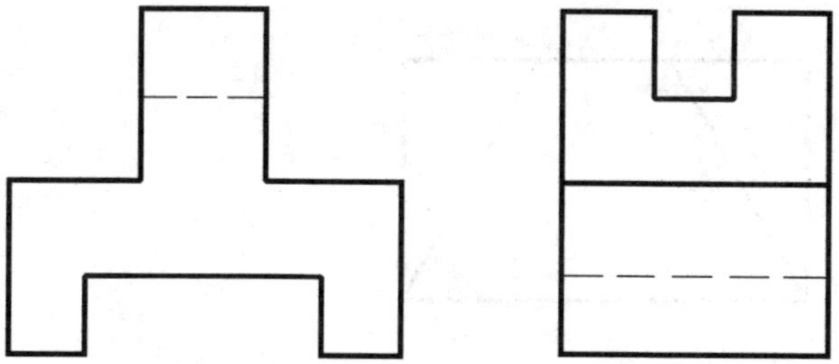

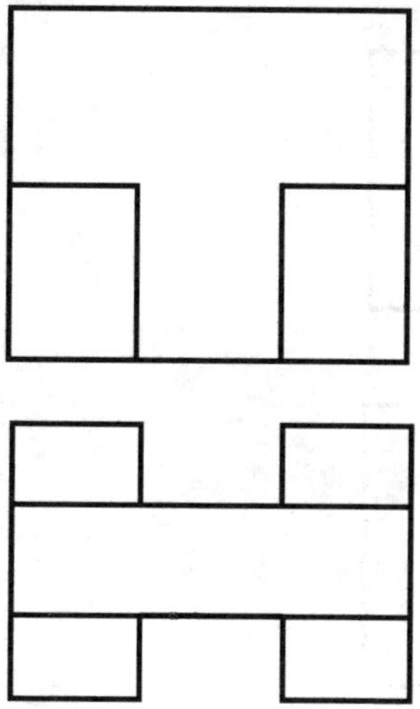

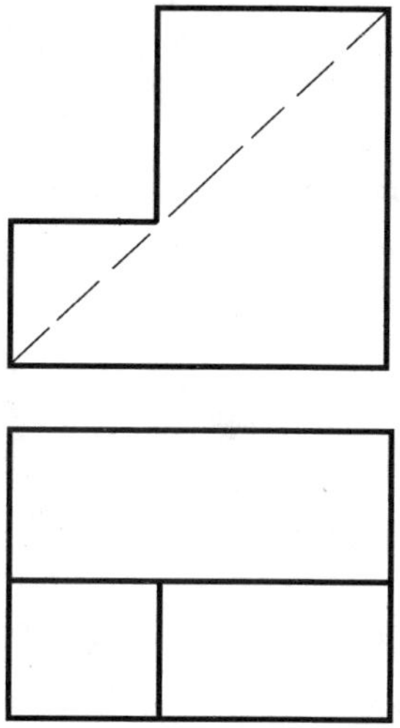

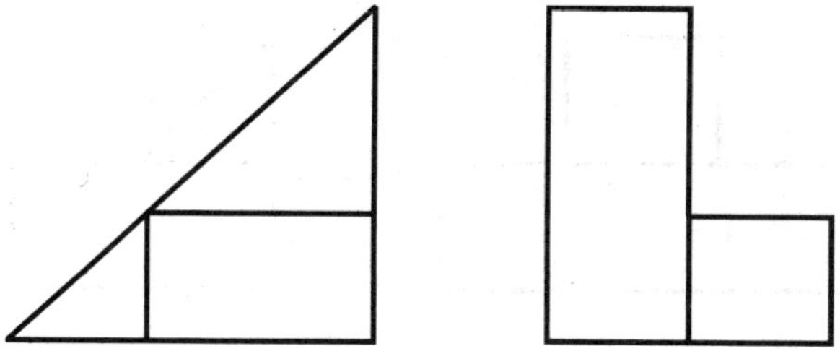

组合体——补绘第三视图（一）

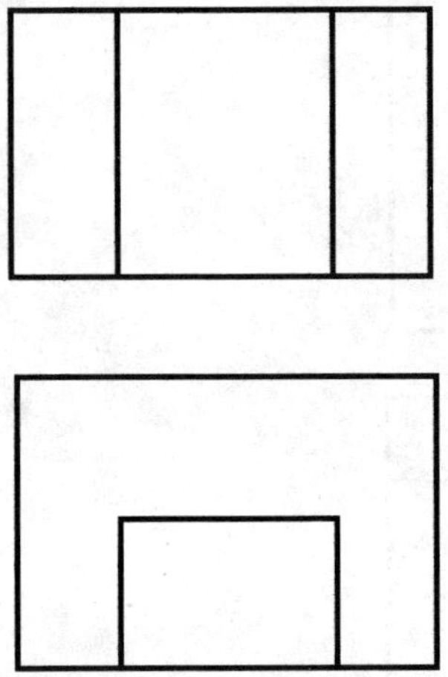

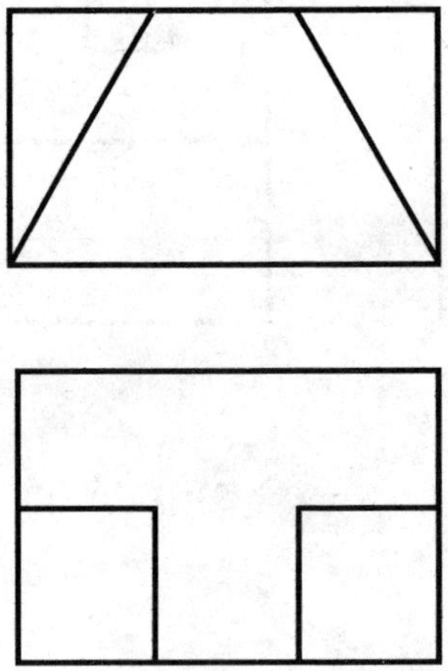

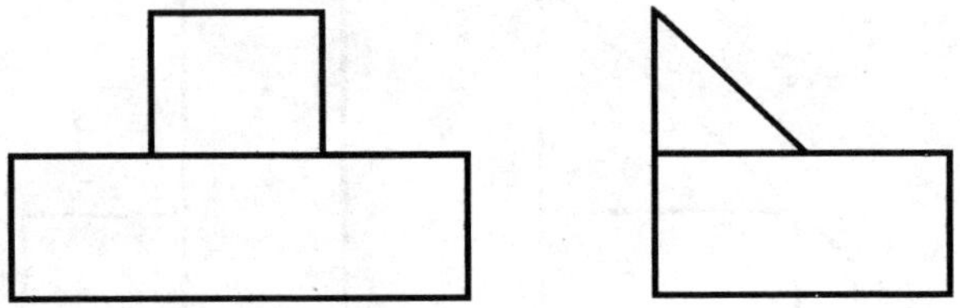

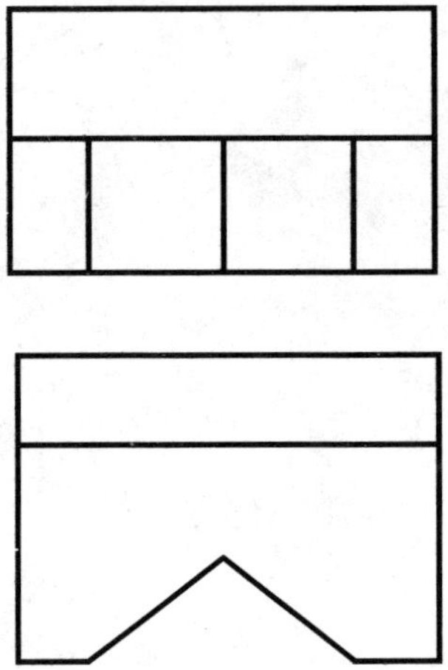



组合体——补绘第三视图（二）

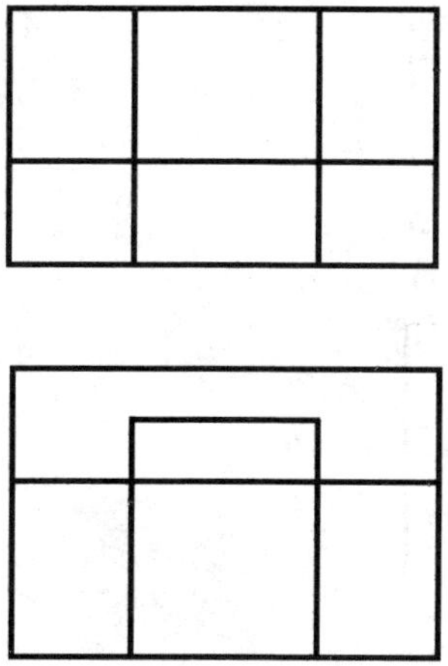

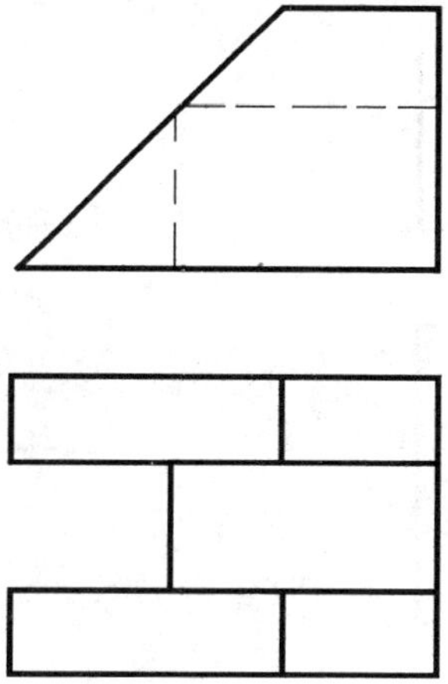

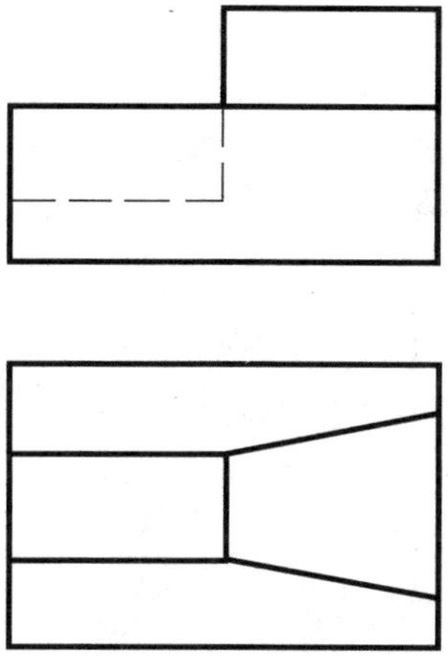

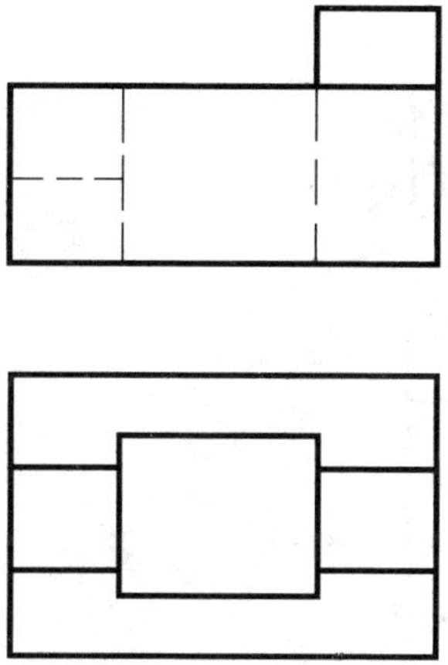

组合体——补绘第三视图（三）

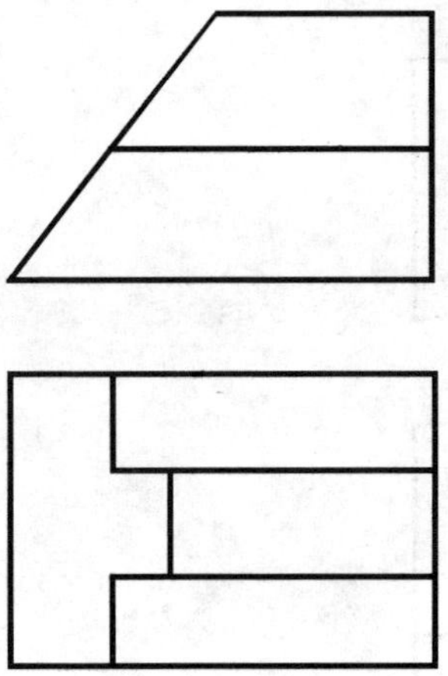

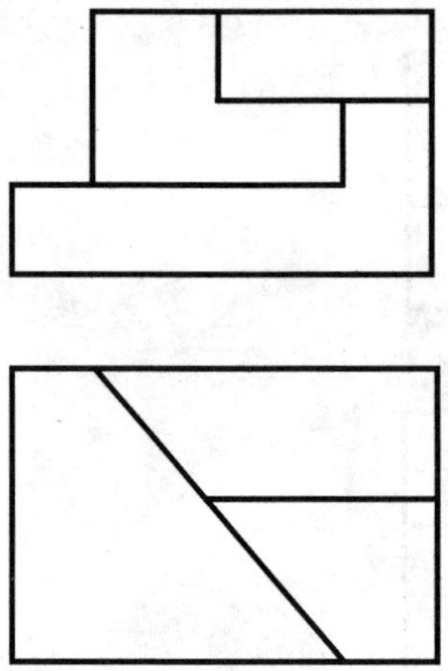

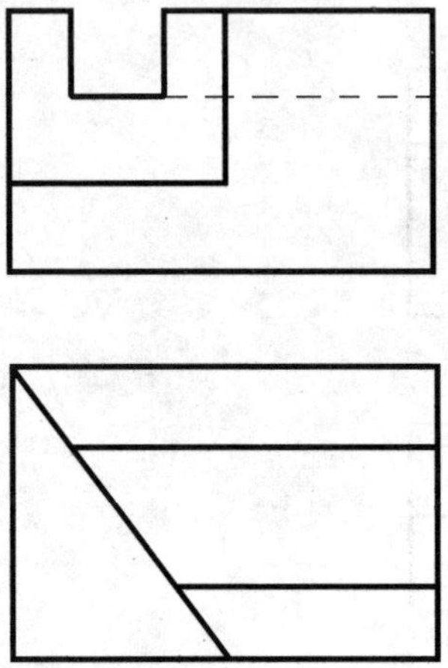

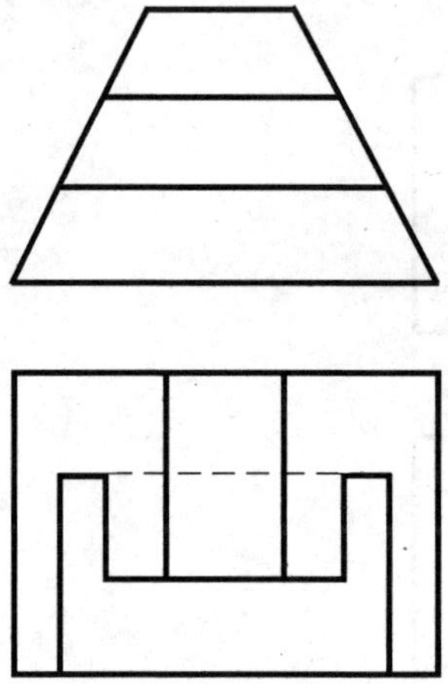



组合体——补绘第三视图（四）

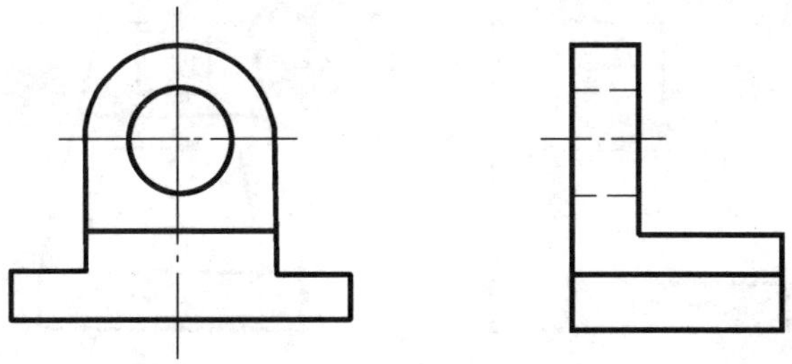

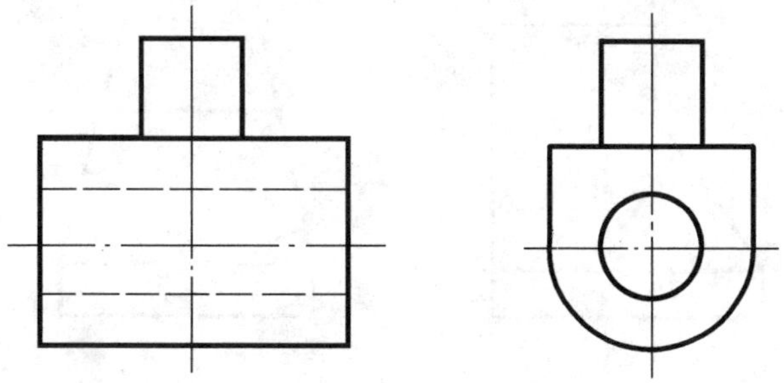

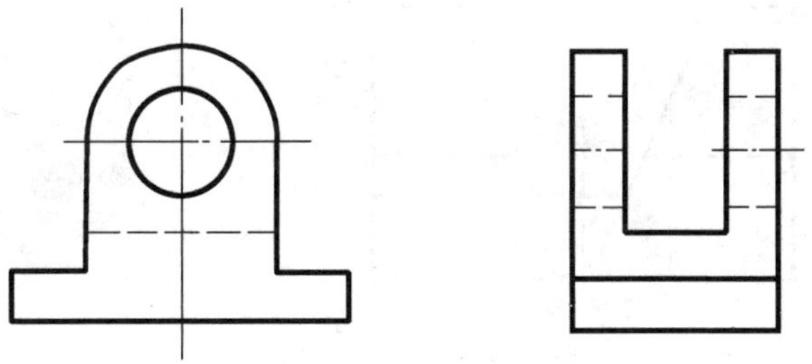

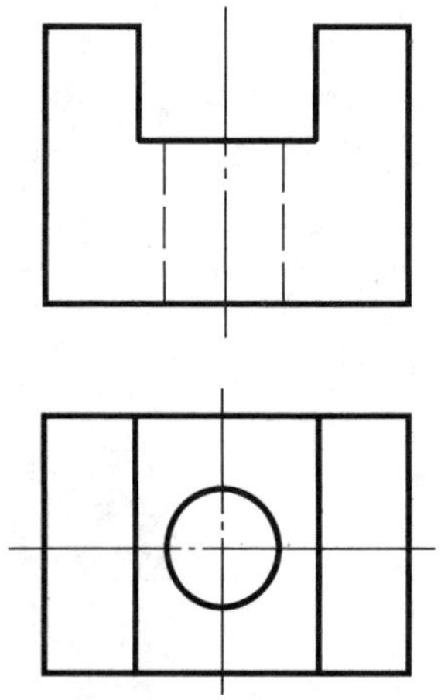

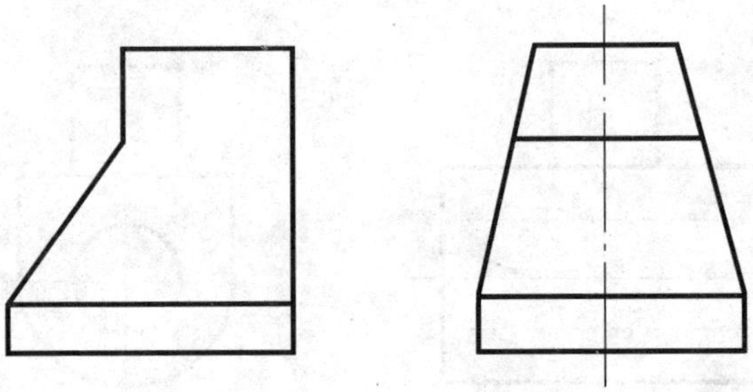

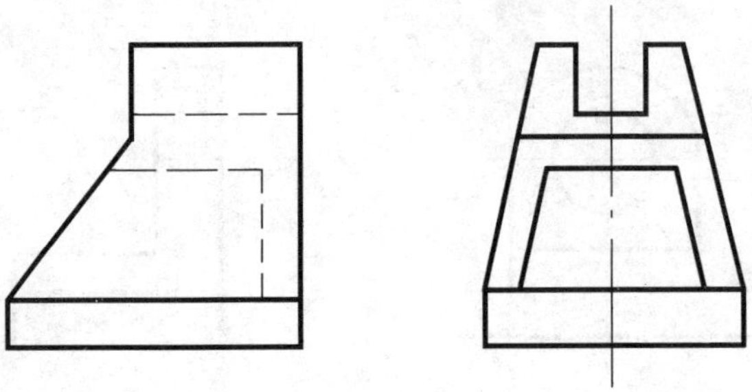

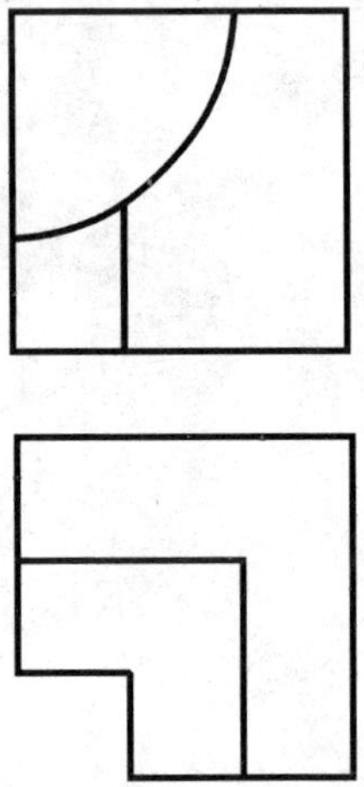

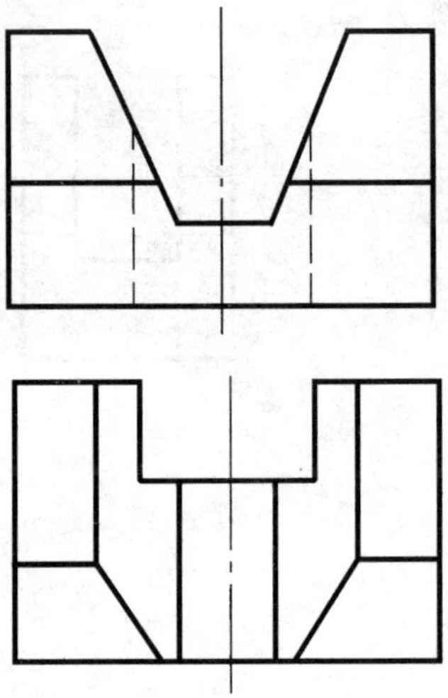



组合体——补绘第三视图（六）

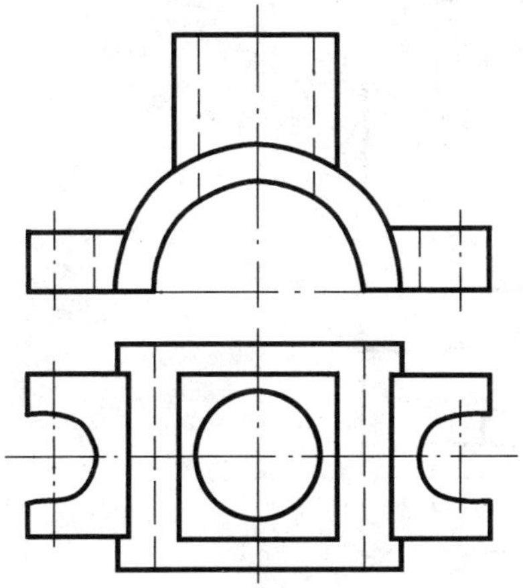

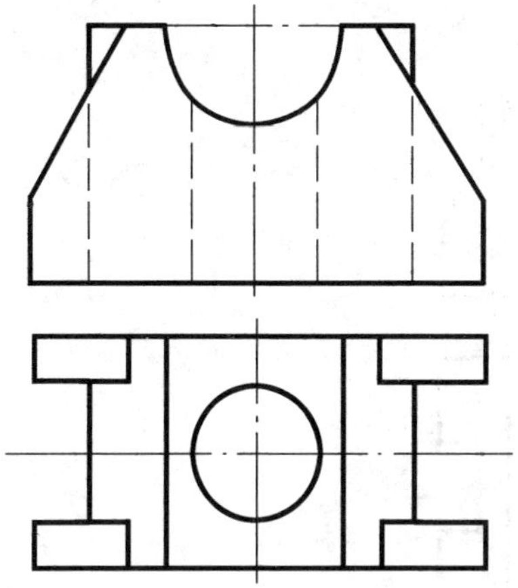

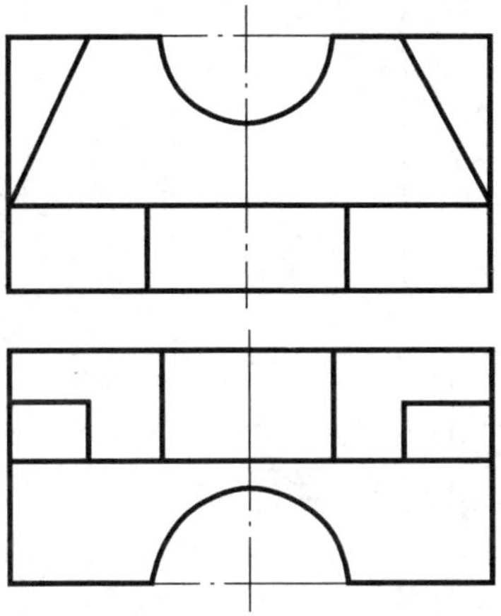

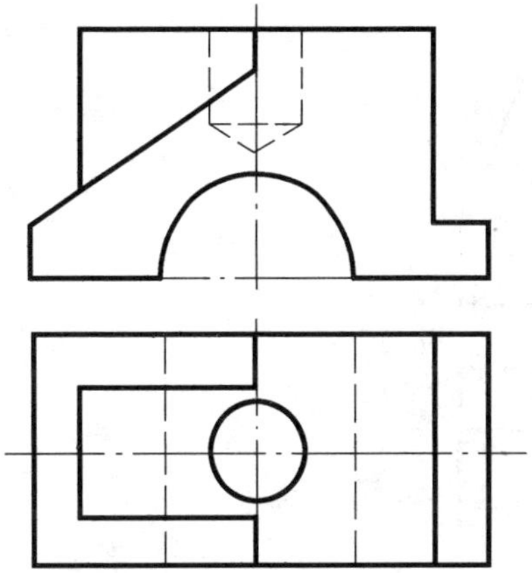

组合体——补绘第三视图（七）

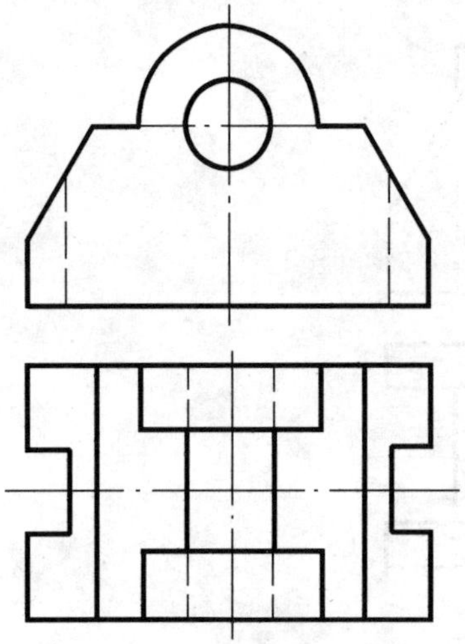

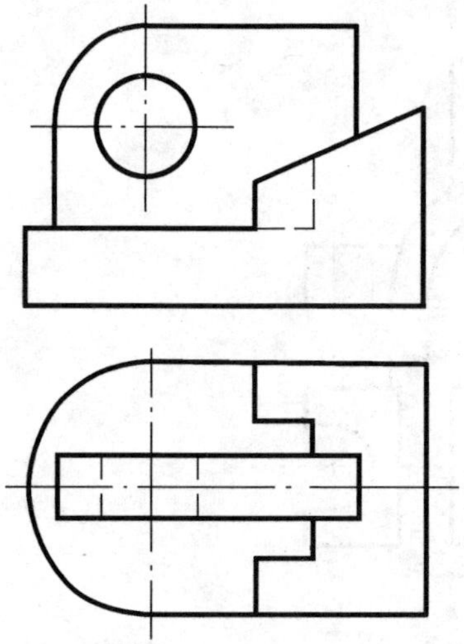

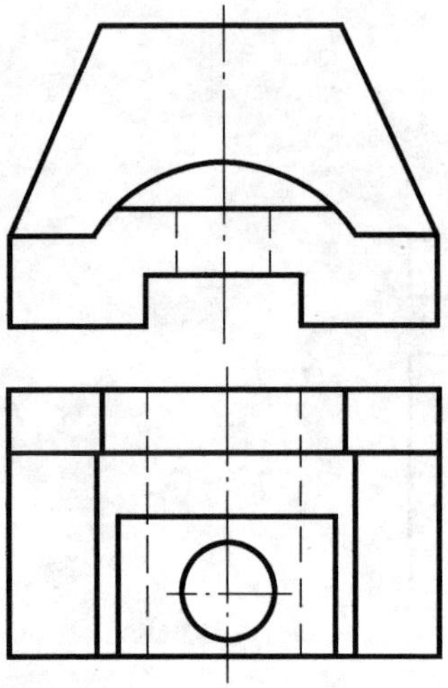

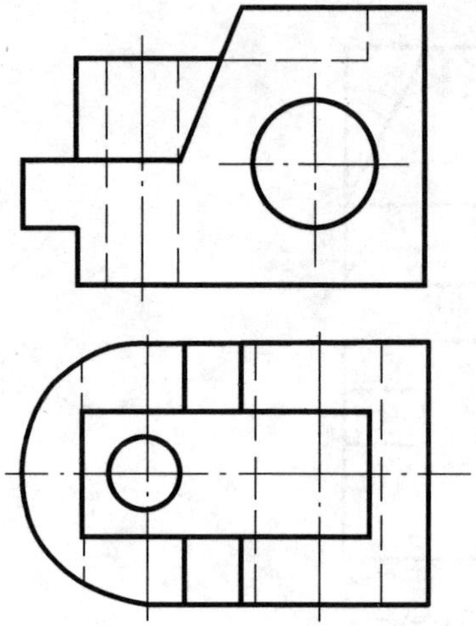



组合体——补绘第三视图（八）

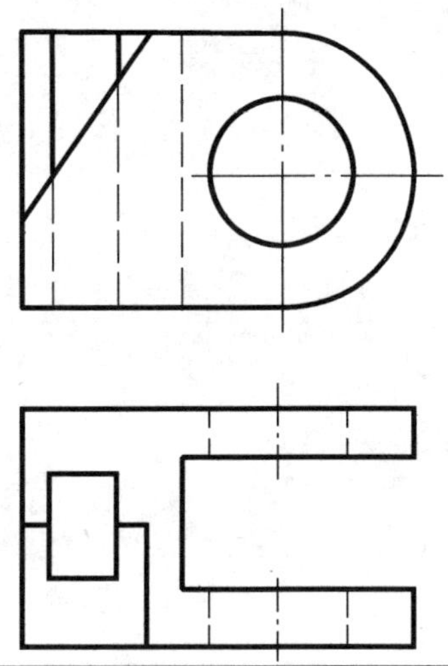

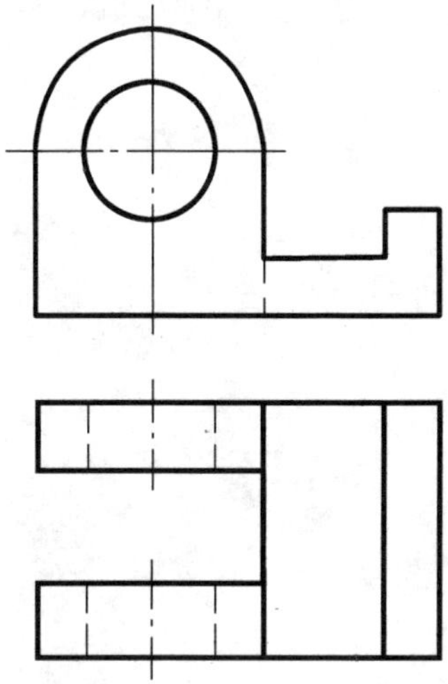

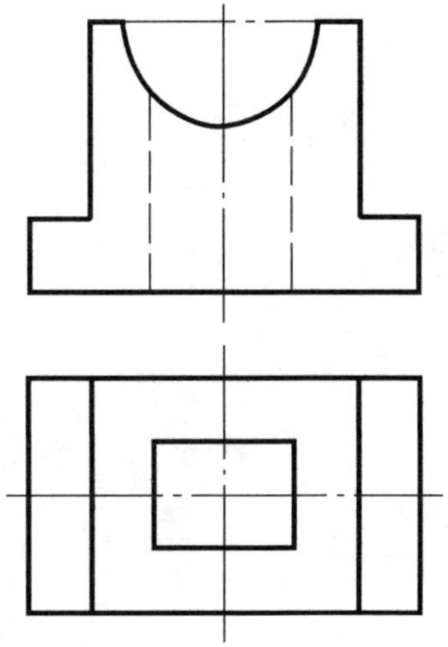

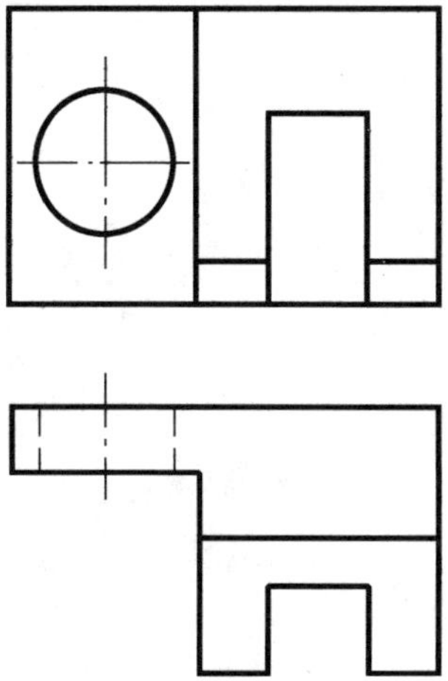

组合体——补绘第三视图（九）

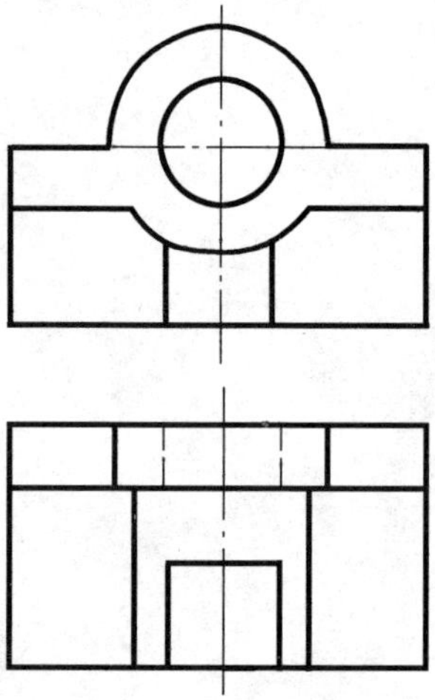

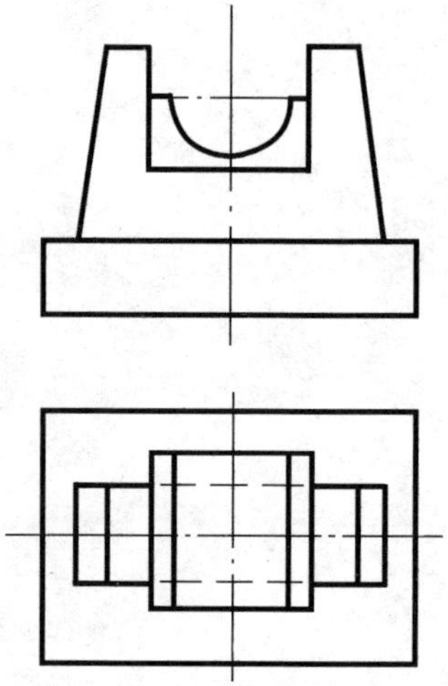

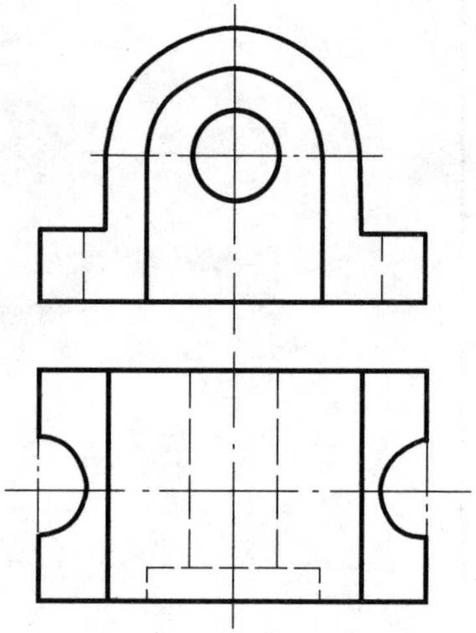

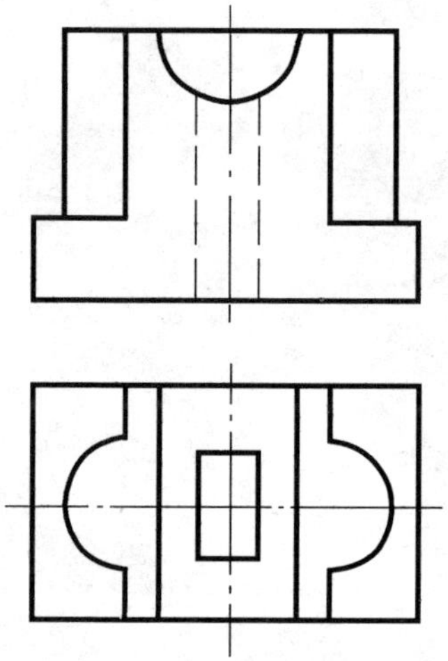



组合体——补绘第三视图（十）

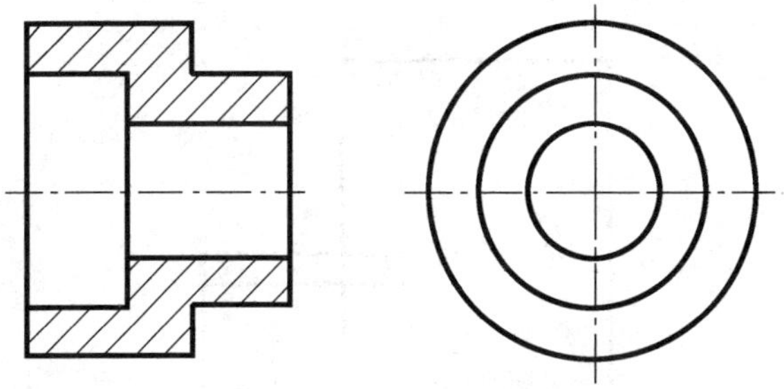

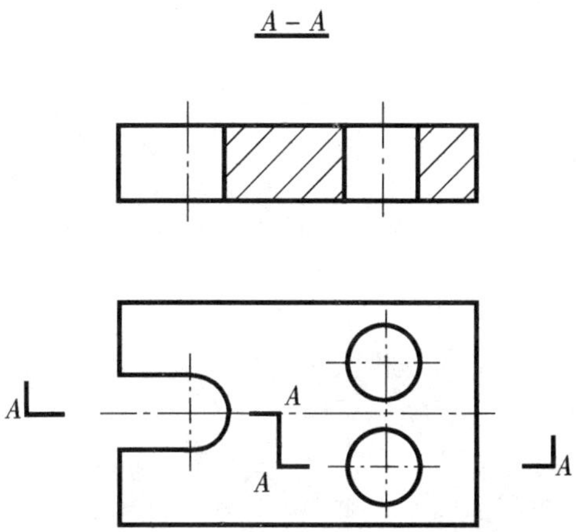

A – A
A
A
A
A


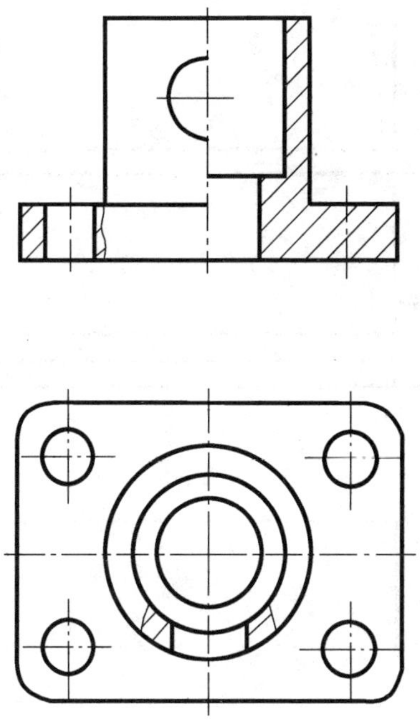

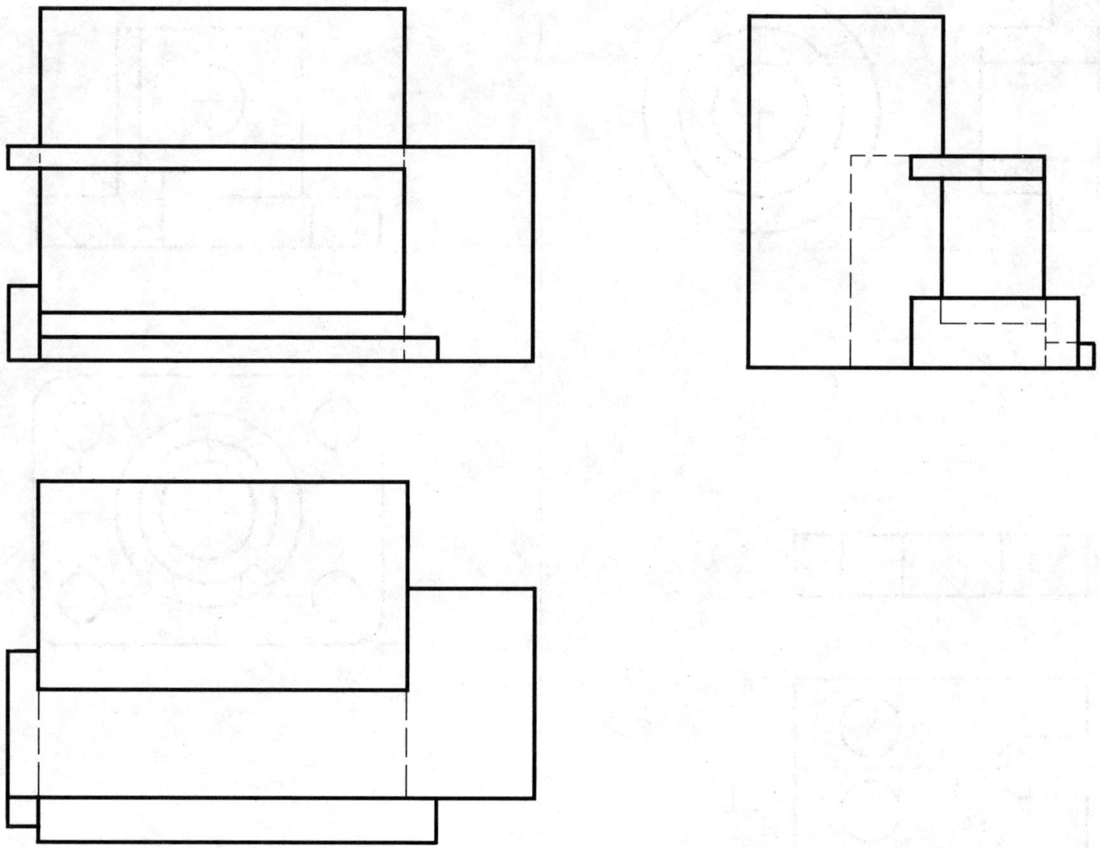



组合体——尺寸标注（二）

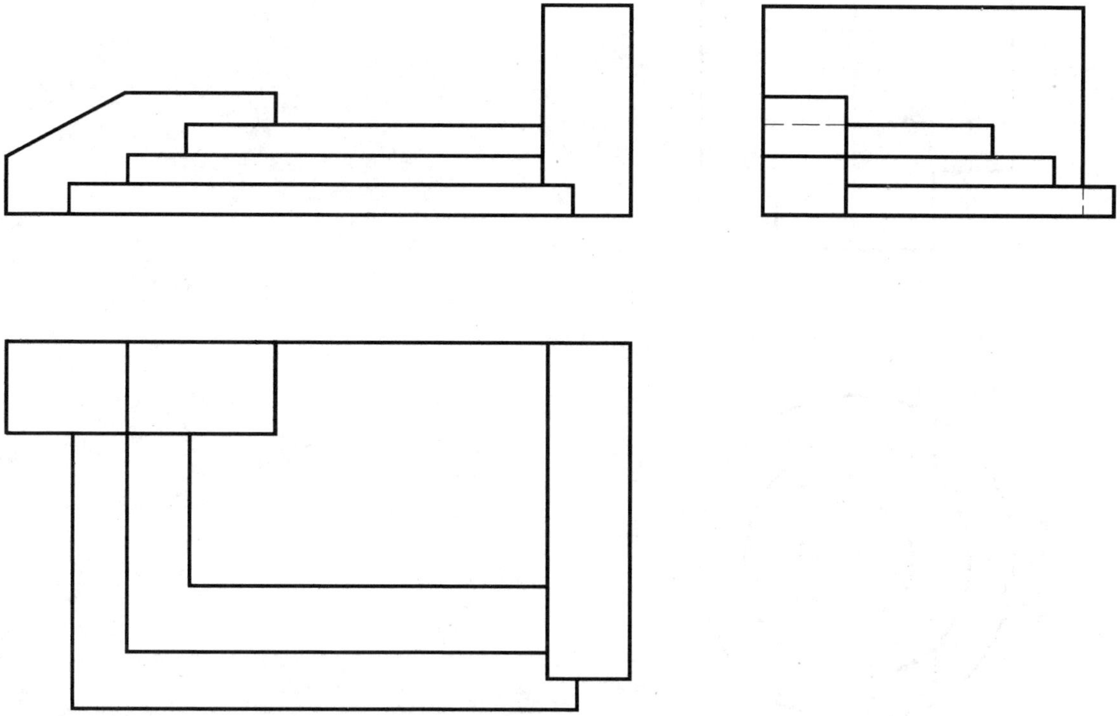

组合体——尺寸标注（三）

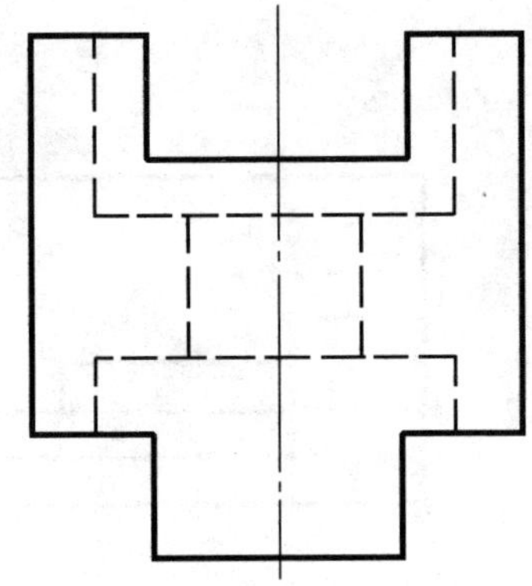

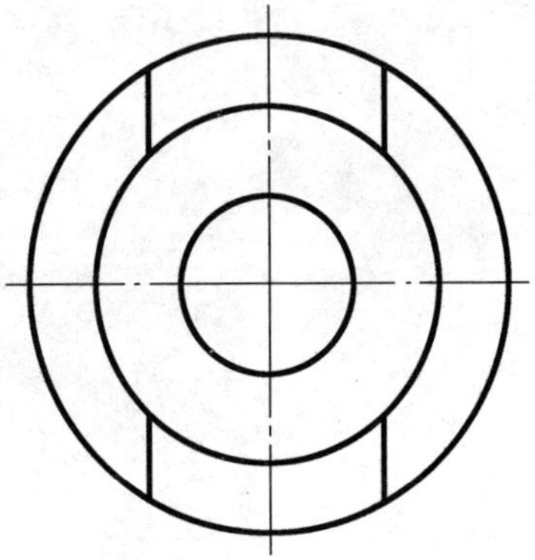



组合体——补绘 *W* 面投影，尺寸标注（四）

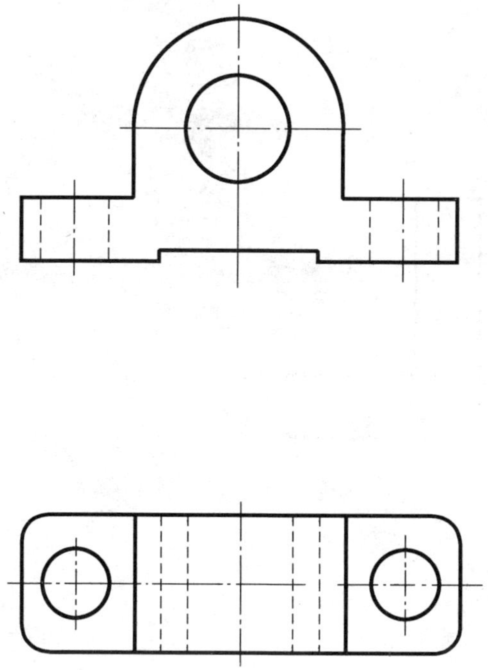

组合体——补绘 *W* 面投影，尺寸标注（五）

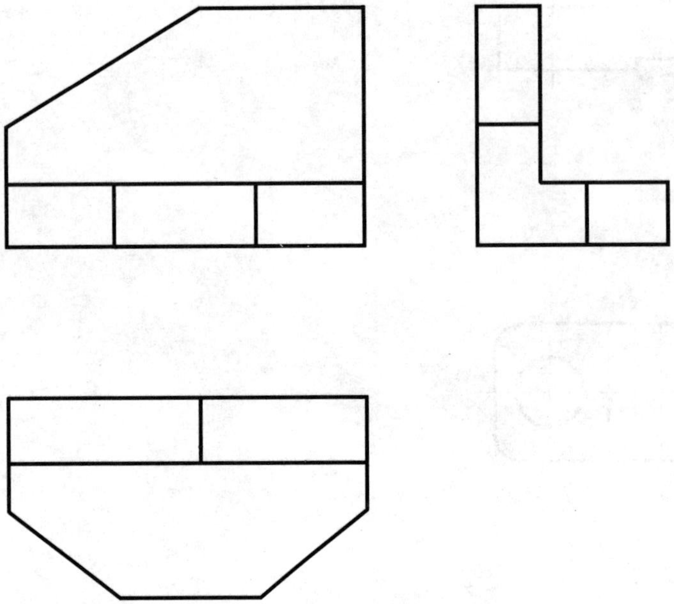



视图——补绘出右、后、仰三视图（一）

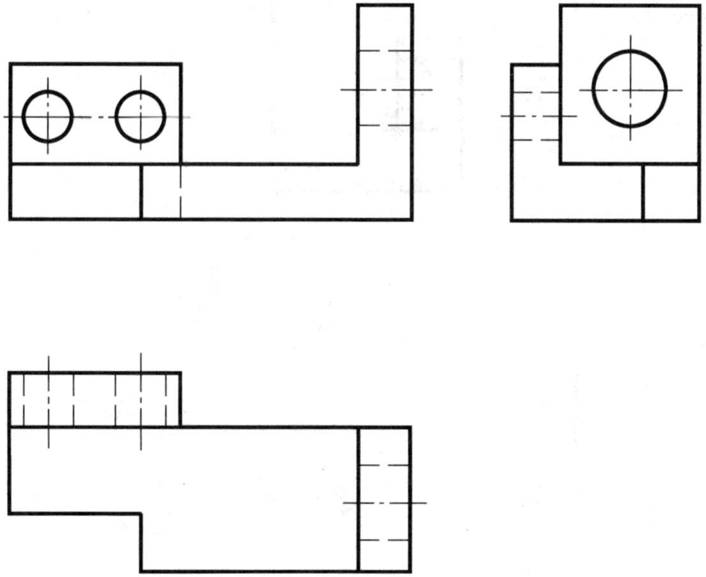

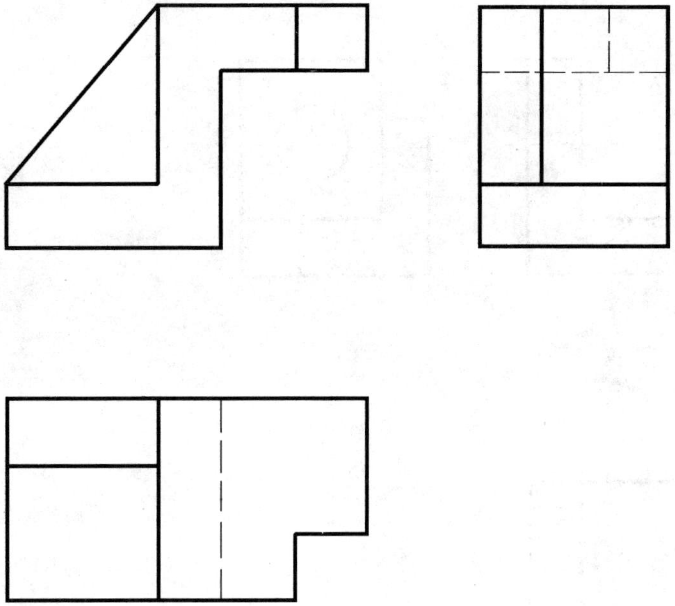



视图——补绘出右、后、仰三视图（三）

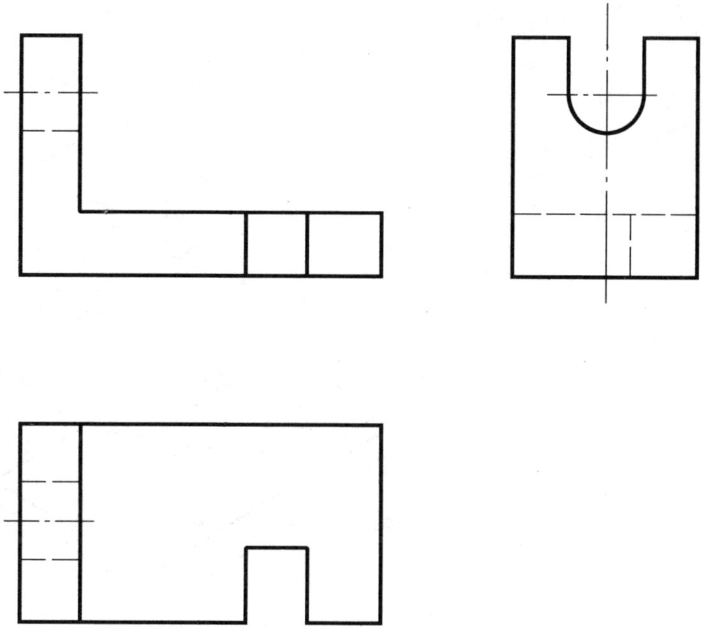

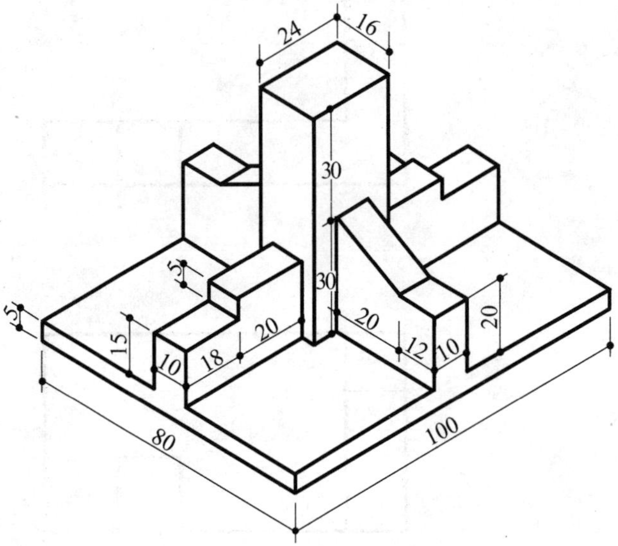




根据轴测图画三视图（一）

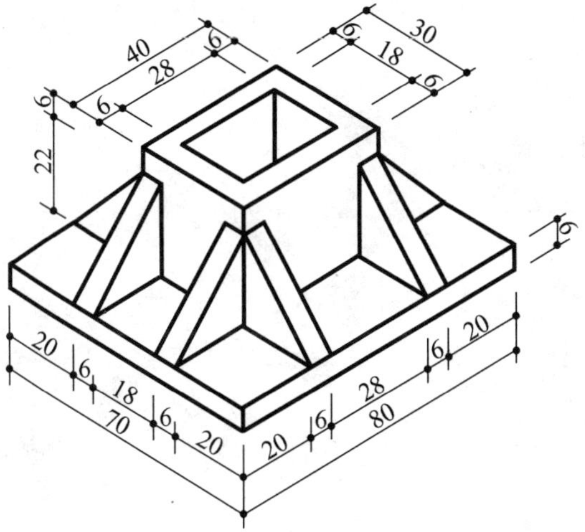


根据轴测图画三视图（二）

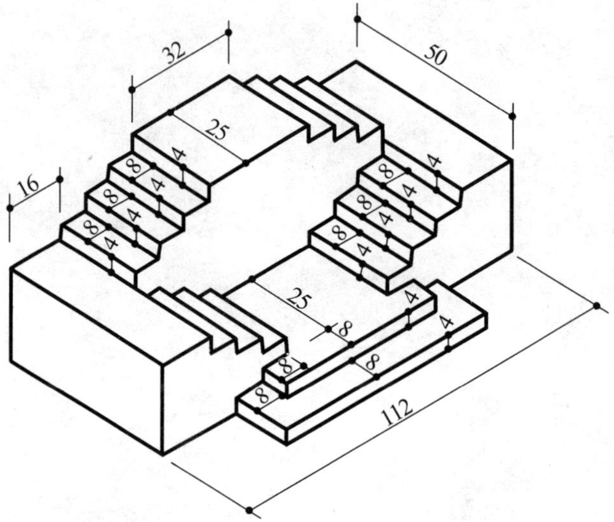




根据轴测图画三视图（三）

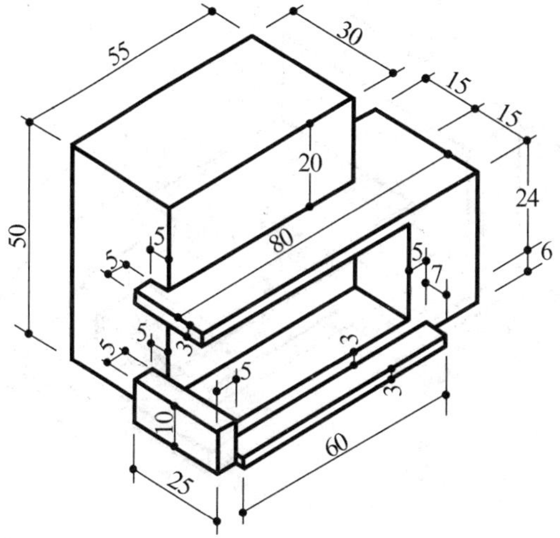


根据轴测图画三视图（四）

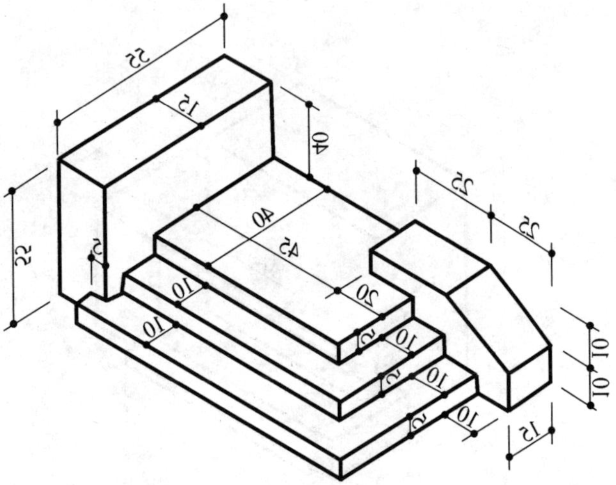




根据轴测图画三视图（五）

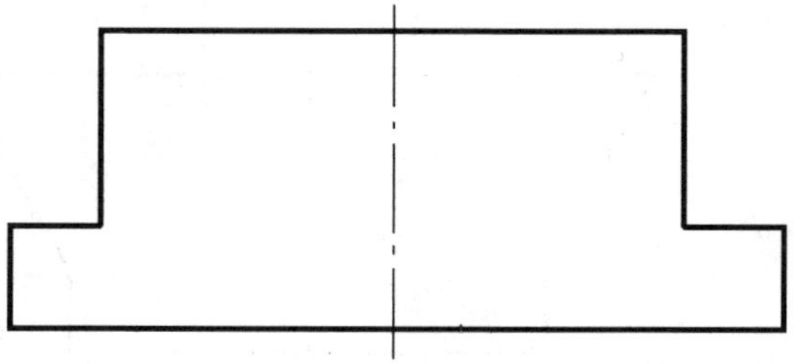

1—1 剖面图

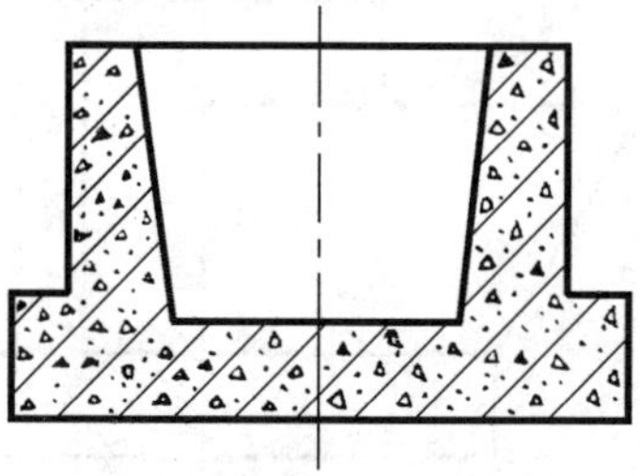

2—2 剖面图

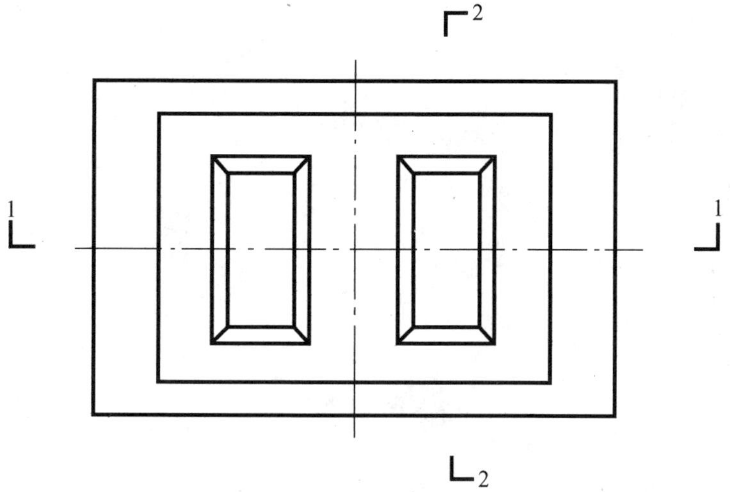

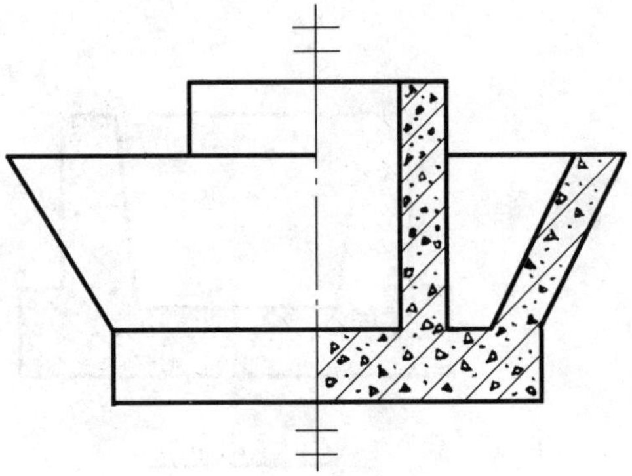

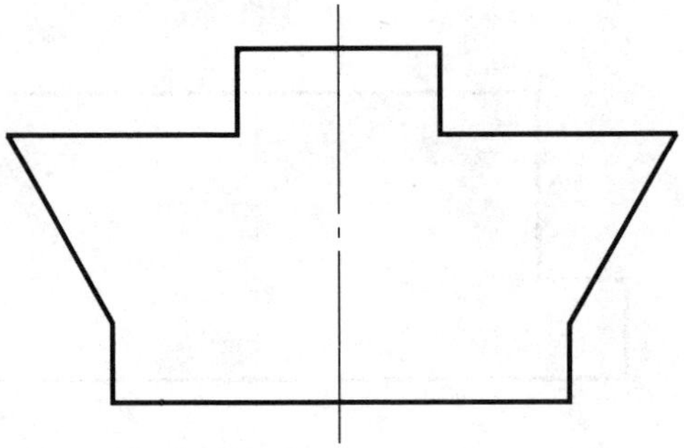

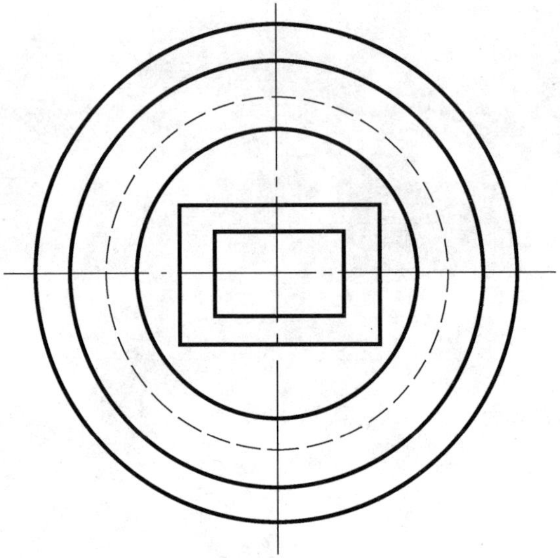



剖面图——将侧视图绘成半剖图，并按规定标注

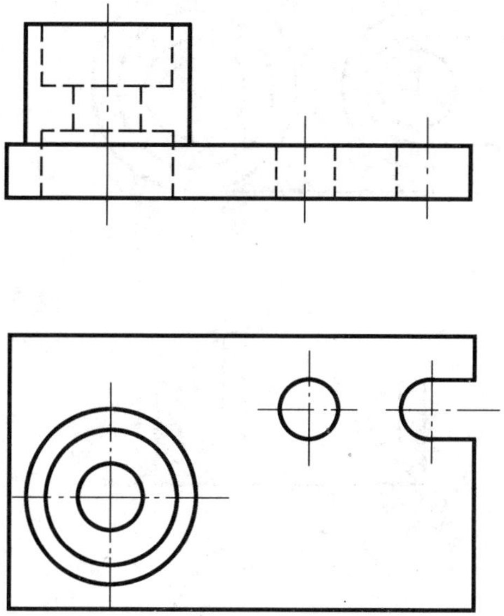

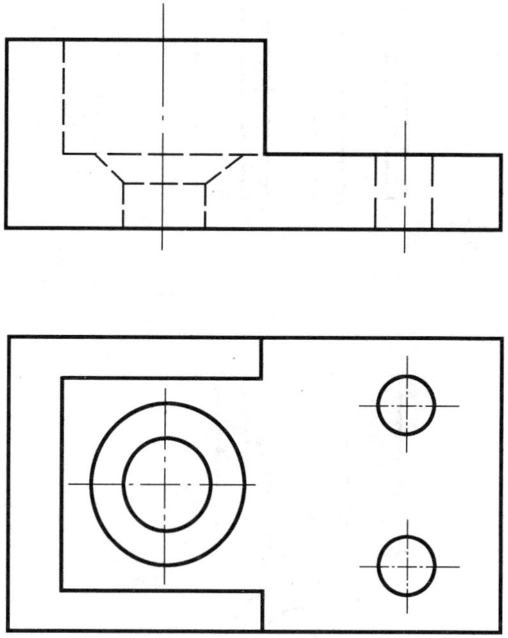

剖面图——将主视图画成全剖图，并按规定标注

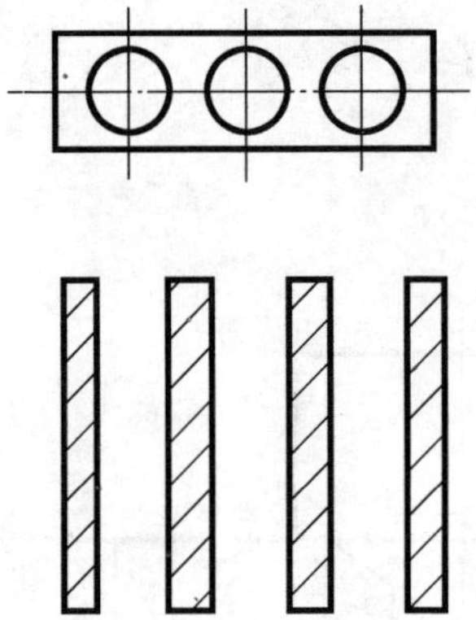

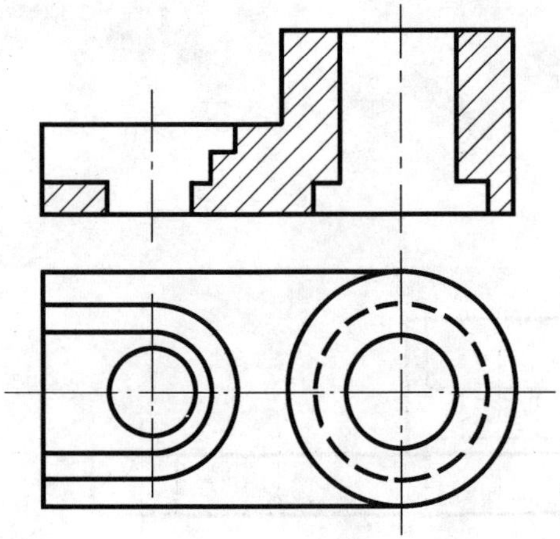

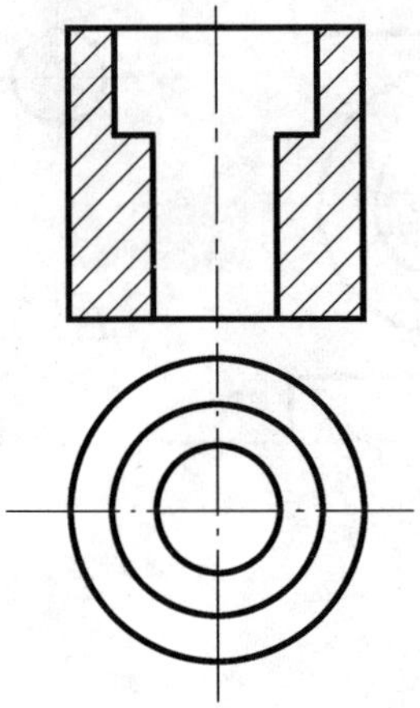

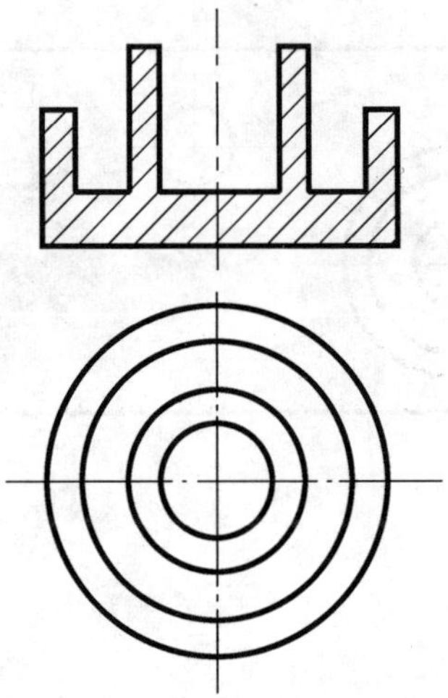



剖面图——补全剖面图中的图线

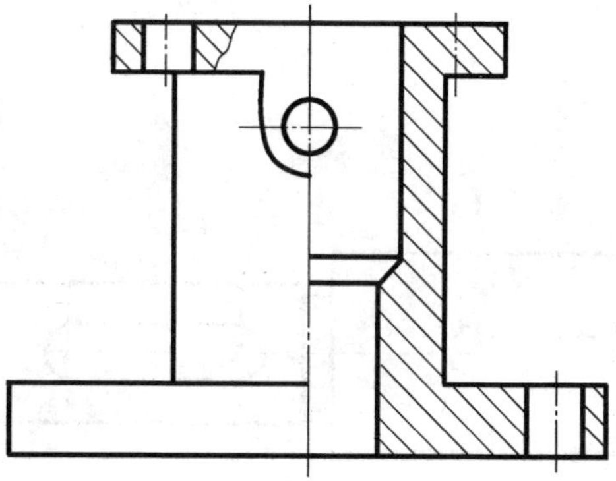

1—1 剖面

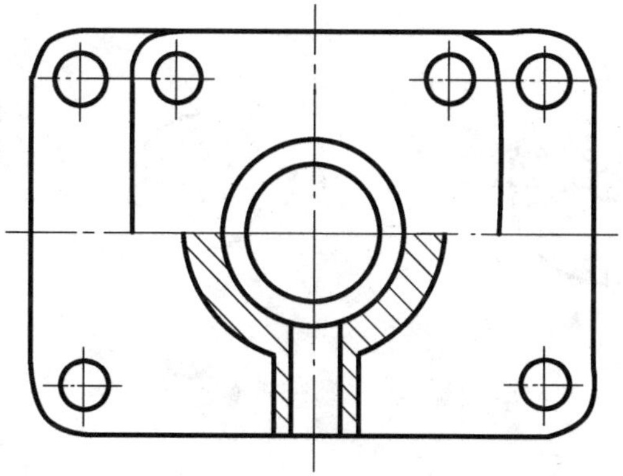

2—2剖面

剖面图——作出带合适剖面的侧投影

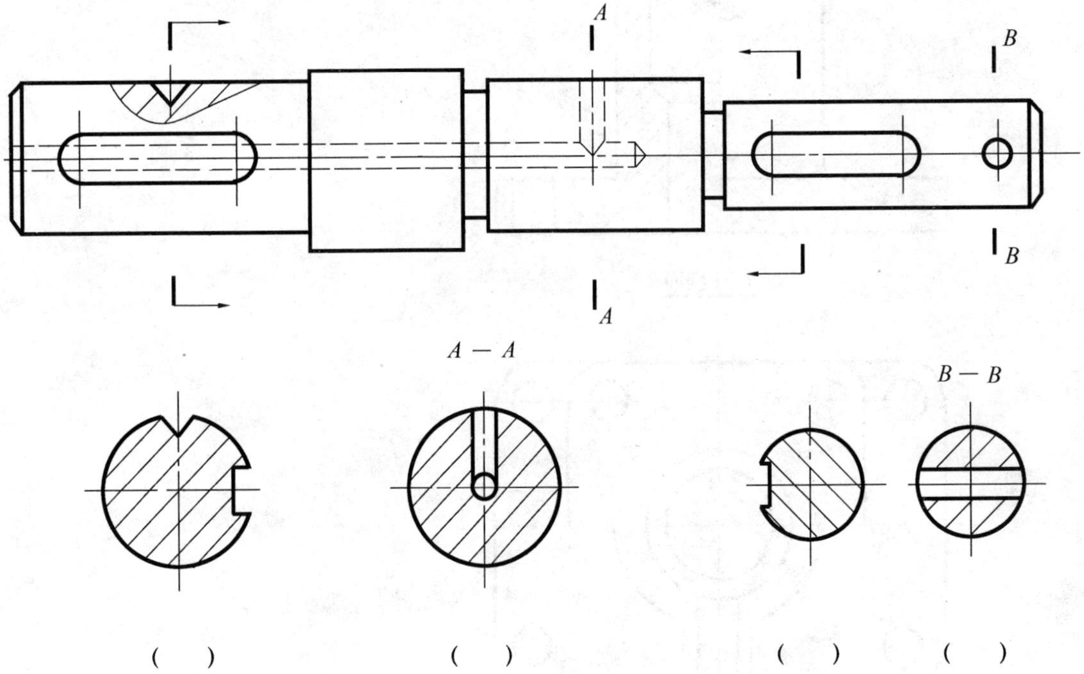




剖面图——指出剖面的正确与否，填空

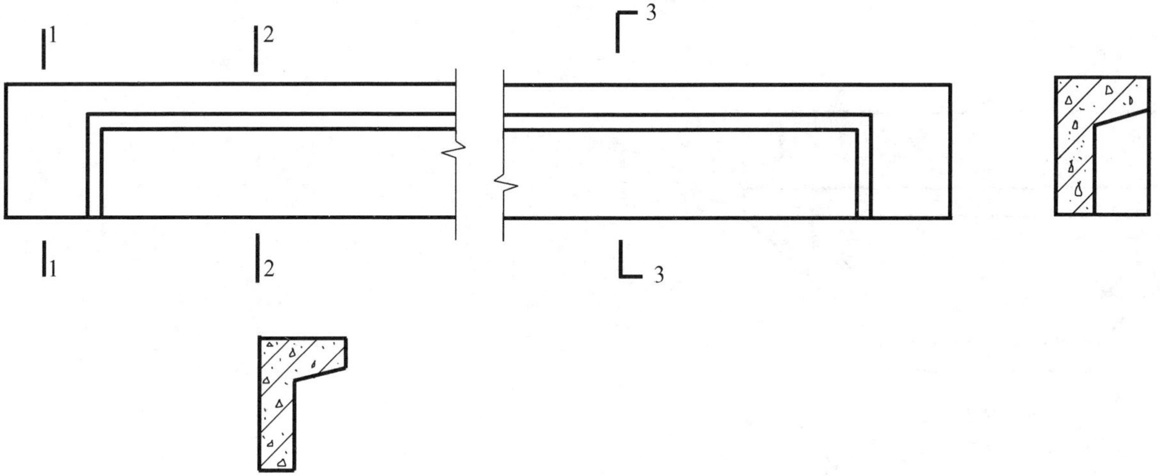


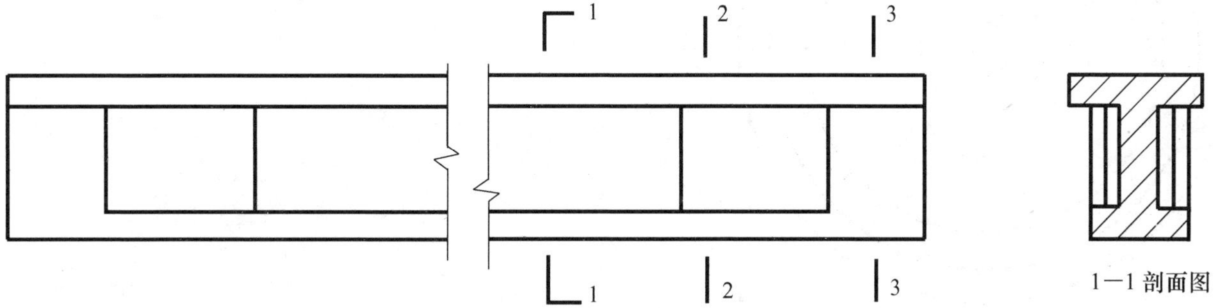


剖面图——补充图中的断面图，并标出图形名称

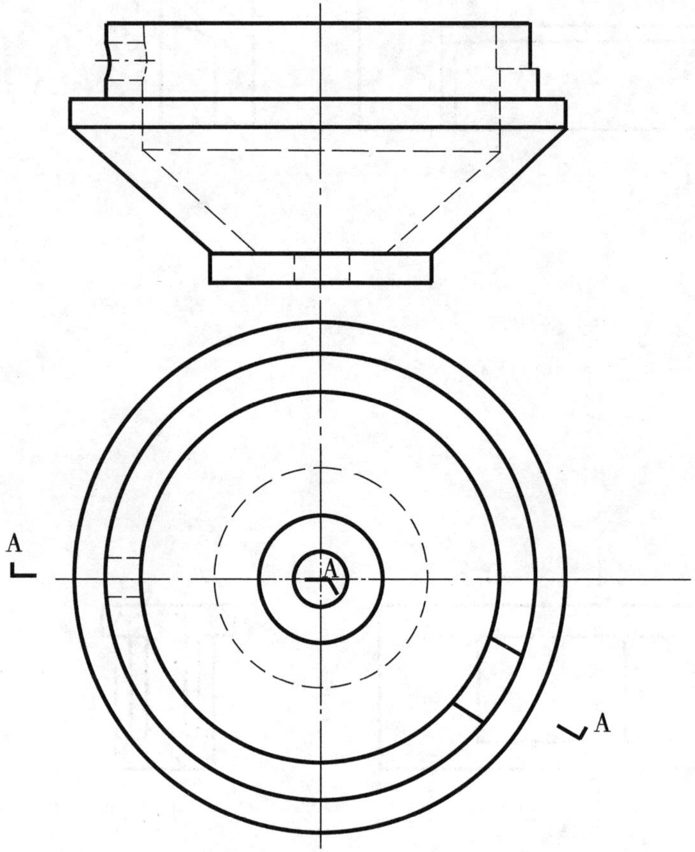




剖面图——作 A—A 旋转剖面

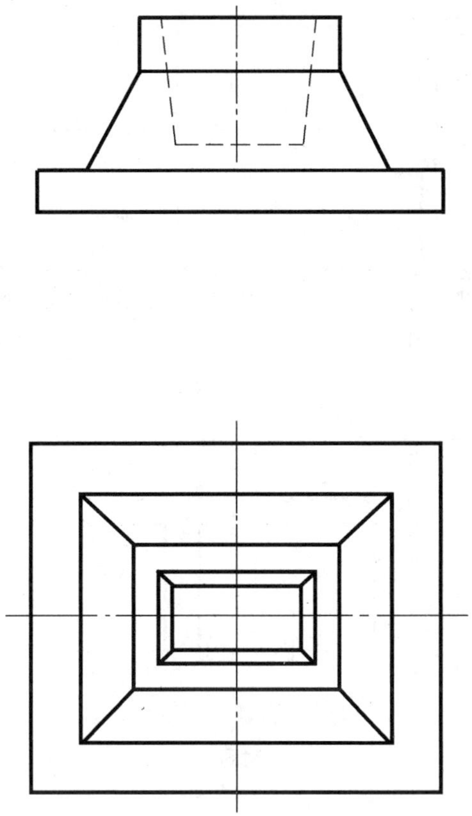

剖面图——补绘 W 面投影，并将 V、W 投影改作合适的剖面

作业内容：

根据下列条件绘制某小学两层教学楼的建筑平面图、建筑立面图和建筑剖面图。

（一）条件：

1. 平面图上承重墙的定位轴线网见右附图 1；
2. 承重墙厚 370mm；
3. 室外地面标高 -0.450，二层地面3.300；
4. 二楼楼板厚 200mm，平屋顶，屋面板厚 250mm；
5. 屋檐形式与尺寸见右附图 2；
6. 楼梯为两跑，平台板厚120mm，梁截面 220mm×240mm；楼梯段板厚 100mm 见附图3；
7. 在 Ⓒ 与 Ⓓ 轴线内墙上，教室采光窗高 640mm，宽 1140mm，距地面 2000mm，高窗符号见课本；
8. 大门入口的雨篷板厚 120mm，标高3.000，参考课本的有关内容；
9. 散水宽 600mm，坡度为 5%；

（二）要求：

先画下列草图，画在方格纸上。尺寸要标注完全，图线要分清粗细。检查修改后再画到图纸上。仪器图的图纸的图幅自选。草图可分页画，仪器图的八个图可画在两张或三张图纸上。比例要求如下：

1. 底层平面图和二层平面图为 1:100；
2. 南立面图和侧立面图为 1:100；
3. 1-1 剖面图（剖切平面经过大门入口的楼梯）为 1:50；
4. 2-2 剖面图（剖切平面经过教室的门窗）为 1:100；
5. 外墙身详图的比例为 1:20；
6. 楼梯平面图及踏步、栏板、扶手详图比例自选。

（三）未给出条件的构件的形式及尺寸自选。这些构件包括大门洞的尺寸及大门的格式、教室门洞的尺寸、窗洞的尺寸及格式、楼梯栏板的尺寸及格式、外墙墙面及大门台阶的尺寸及格式、楼梯踏步的尺寸及格式。排水管不画。

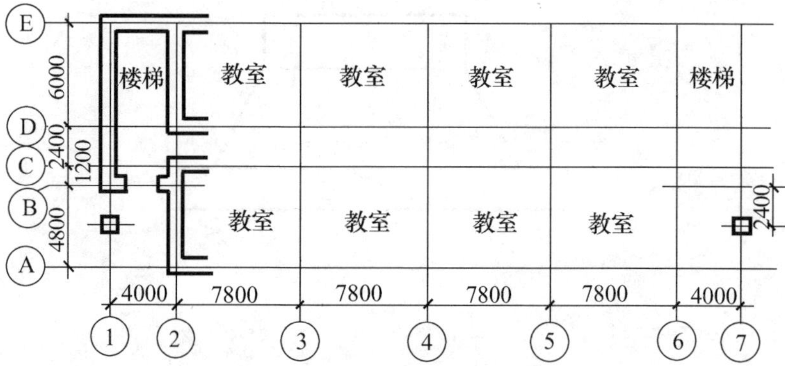


附图 1

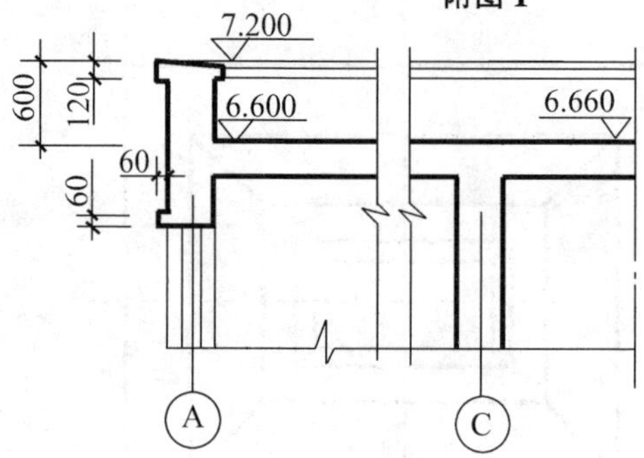


附图 2

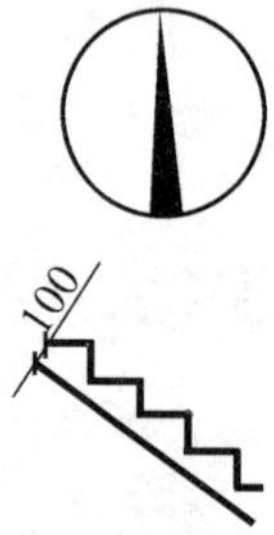


附图 3

正立面图 1:100

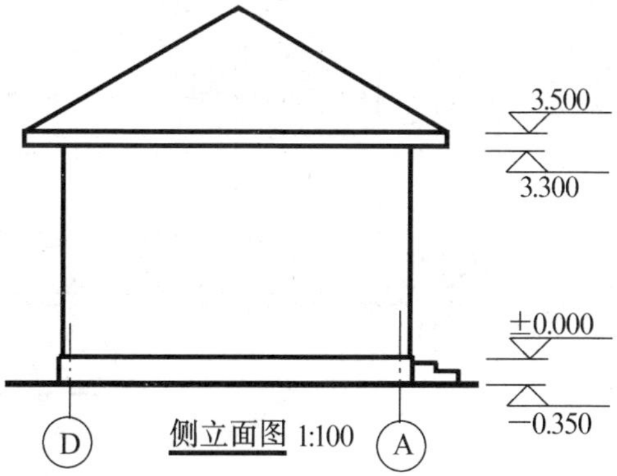

侧立面图 1:100

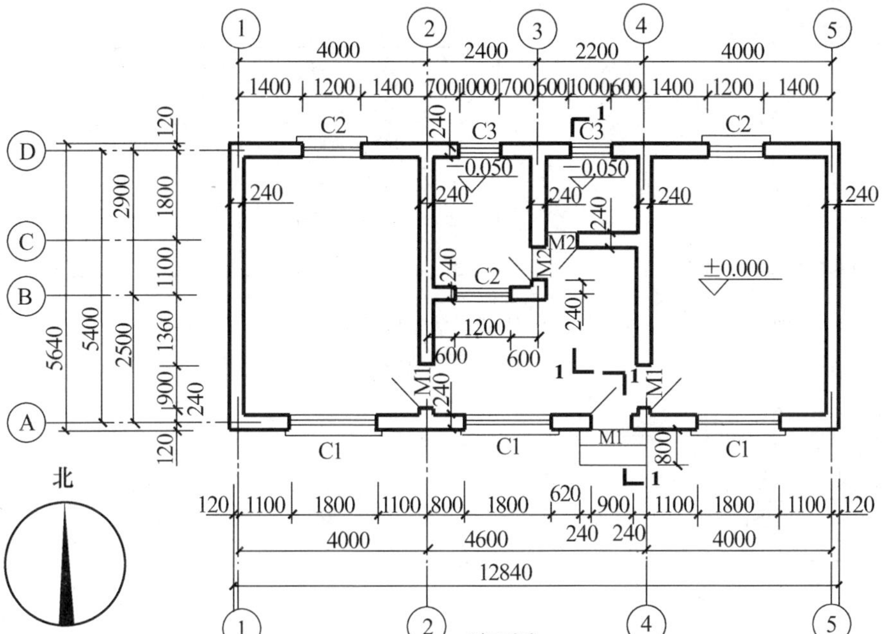

平面图 1:100

| 门窗表 | 编号 | 名　称 | 宽度 | 高度 | 数量 |
|---|---|---|---|---|---|
| | C1 | 三扇普通窗 | 1800 | 1800 | 3 |
| | C2 | 双扇普通窗 | 1200 | 1800 | 3 |
| | C3 | 双扇普通窗 | 1000 | 1200 | 2 |
| | M1 | 带亮子门 | 900 | 2700 | 3 |
| | M2 | 普通门 | 700 | 2000 | 2 |

作业要求：1. 用 2 号图幅按 1:50 比例抄绘平面图、正立面图和侧立面图。
2. 补绘 1—1 剖面图，并标注尺寸。

正立面图 1:100

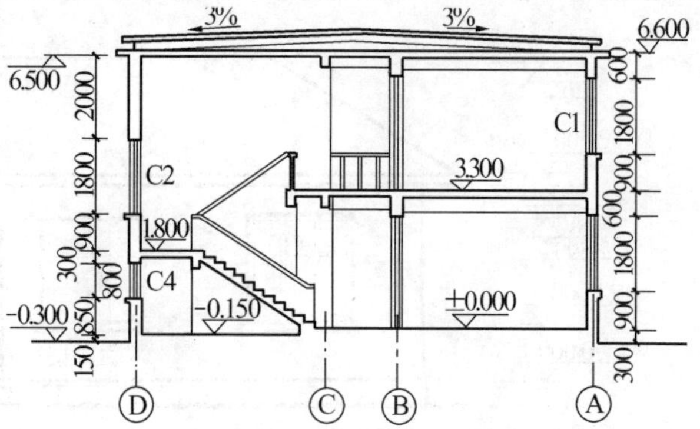

1—1 剖面图 1:100

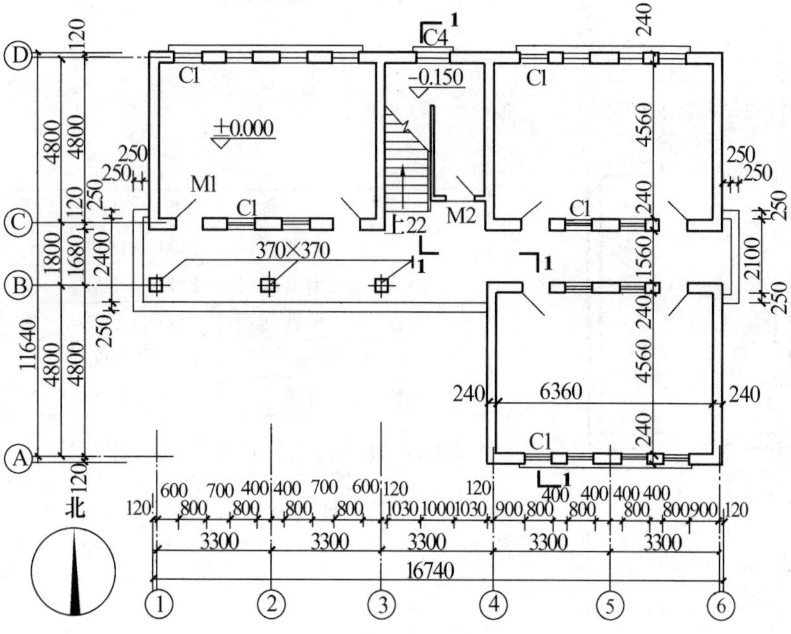

底层平面图 1: 100

门窗表

| 编号 | 尺寸 | 数量 | 说明 |
|---|---|---|---|
| M1 | 800×2700 | 12 | |
| M2 | 800×2000 | 1 | 无气窗 |
| C1 | 800×1800 | 36 | |
| C2 | 1000×1800 | 1 | |
| C3 | 1000×800 | 1 | |

作业要求：

1. 读懂小学校教学楼施工图。
2. 用方格纸画出 1—1 剖面图，并标注尺寸，比例 1:50。

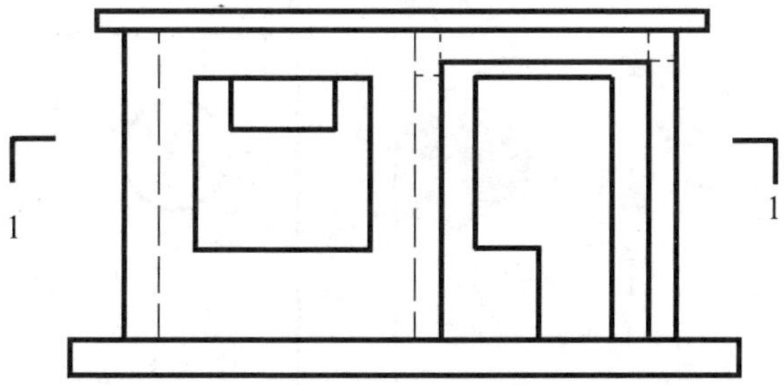


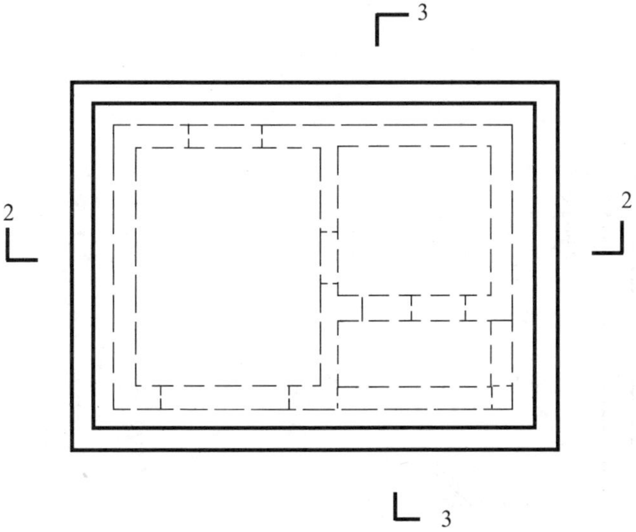


建筑施工图——抄绘房屋投影图，完成 1—1 剖面、2—2 剖面、3—3 剖面，并标注尺寸

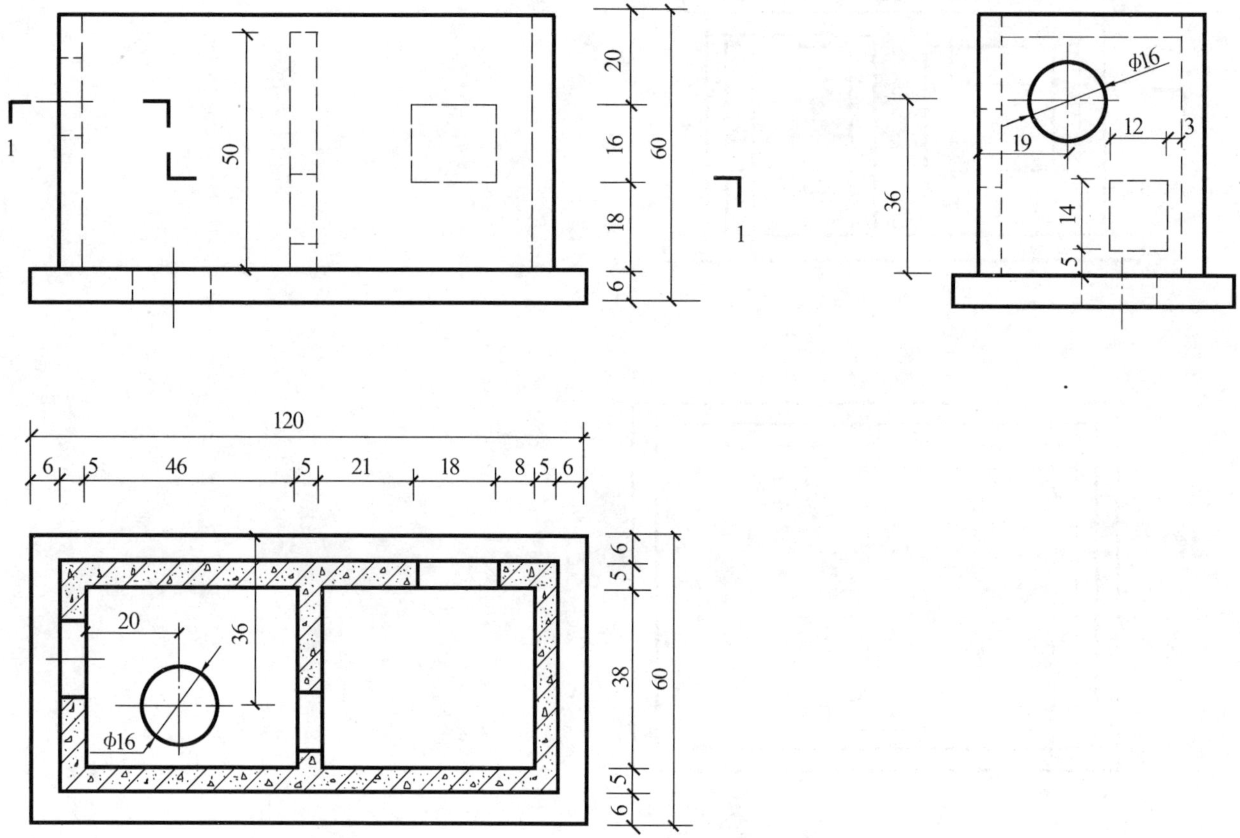

1—1剖面



建筑施工图——抄绘排污池投影图，将正、侧投影改成适当的剖面图，并标注尺寸

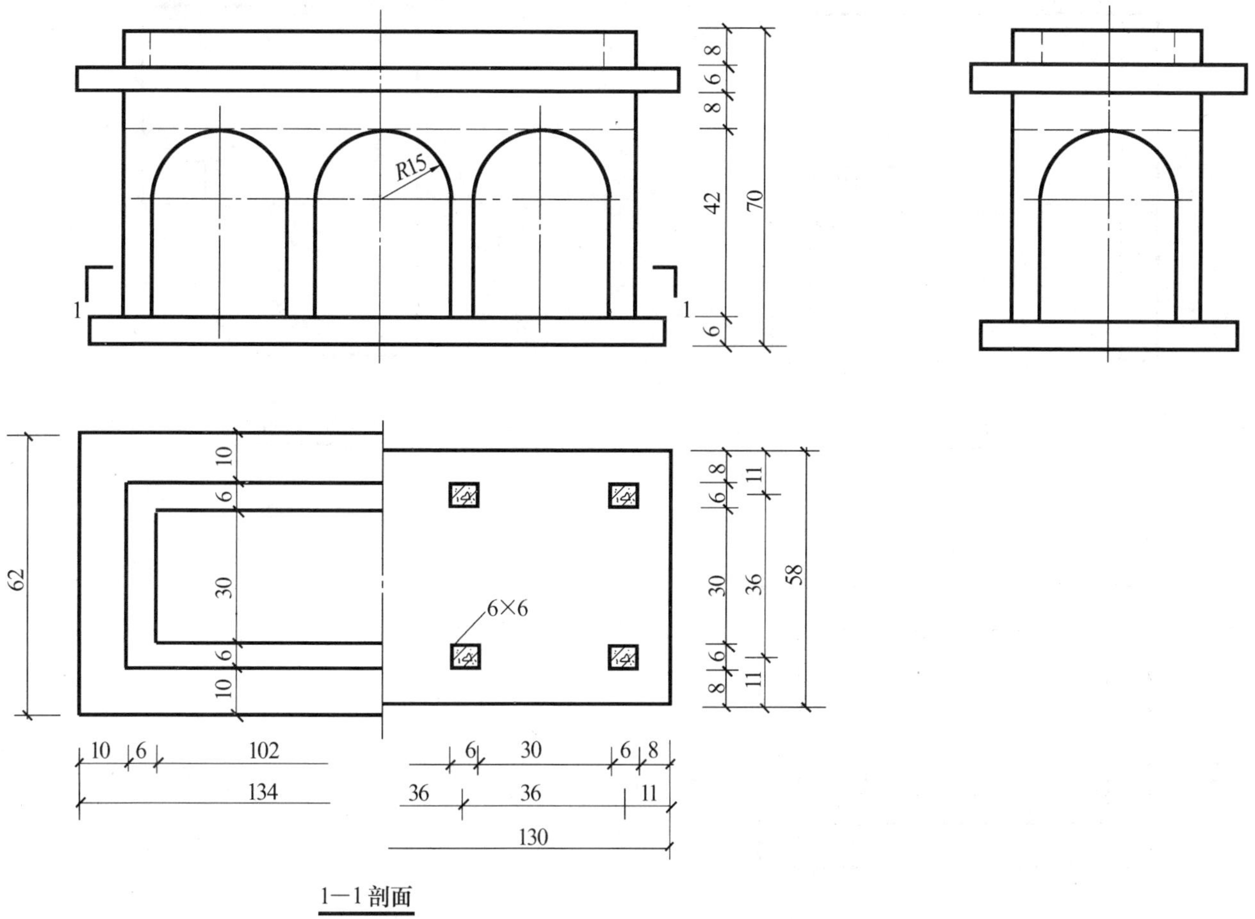


建筑施工图——抄绘卷廊投影图，将正、侧投影改成适当的剖面图，并标注尺寸

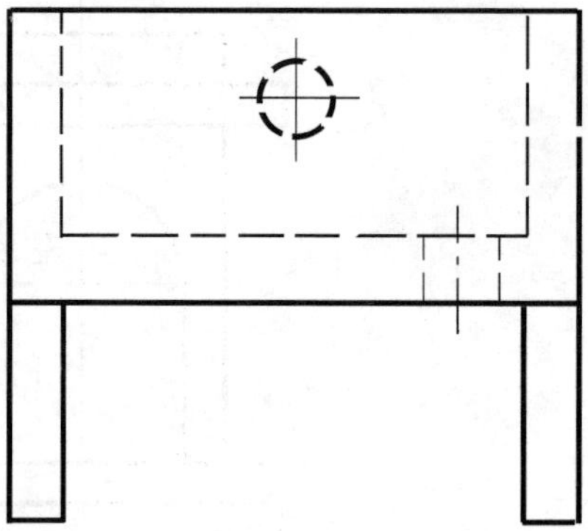

1—1 剖面

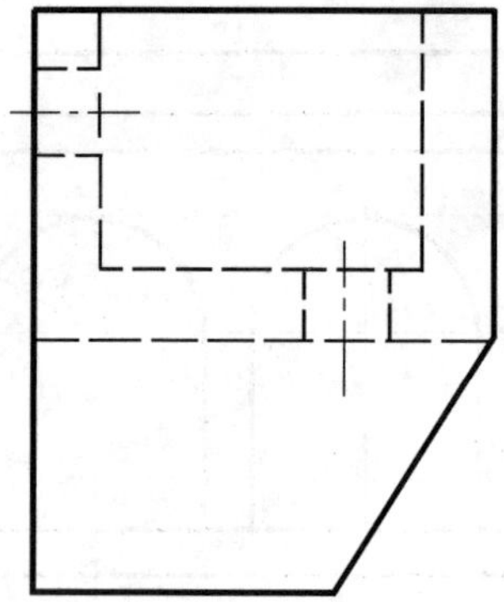

2—2 剖面

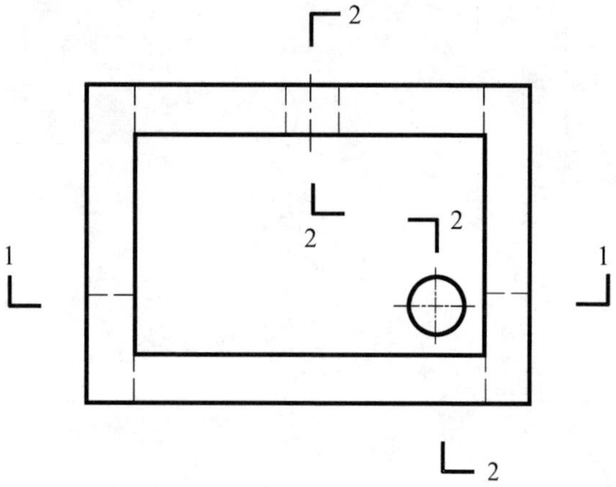




建筑施工图——抄绘物料池投影图，完成 1—1 剖面、2—2 剖面，并标注尺寸

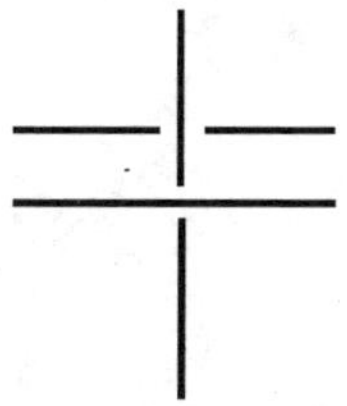

立面图

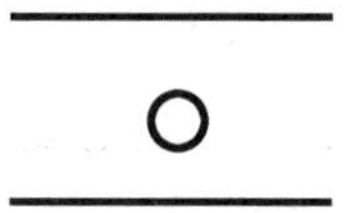

平面图

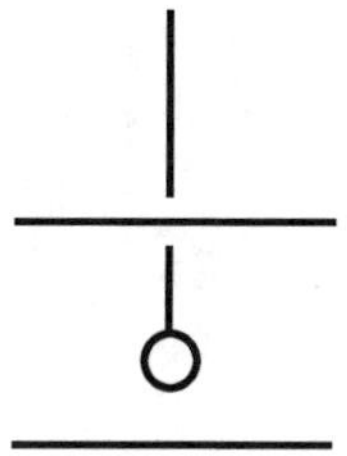

立面图

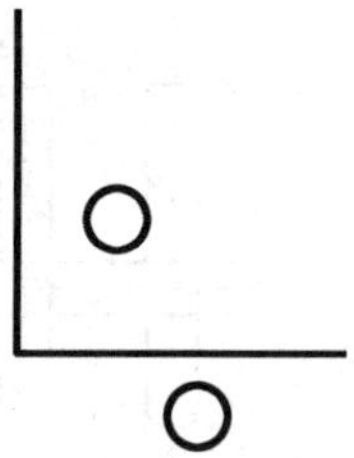

侧面图

管道平、立、侧面图——补绘第三视图（一）

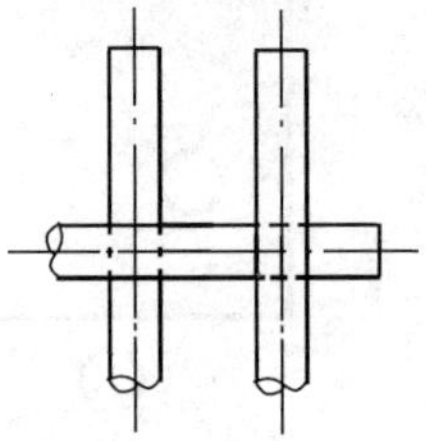

立面图

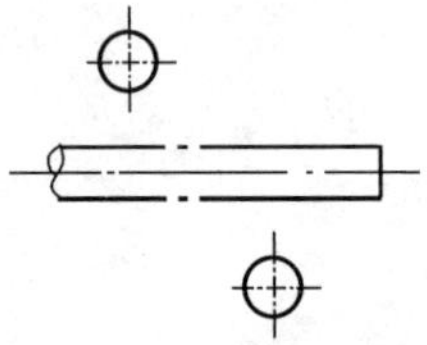

平面图

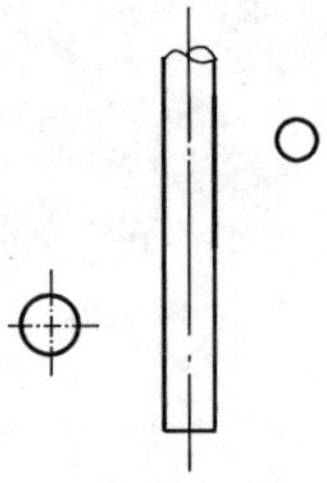

侧面图

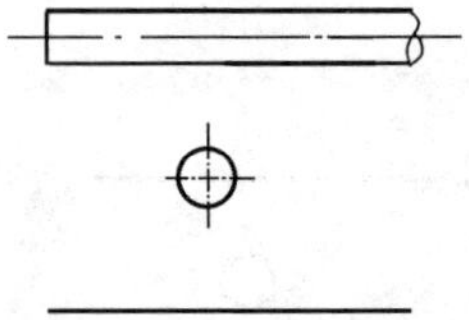

平面图



管道平、立、侧面图——补绘第三视图（二）

立面图

立面图

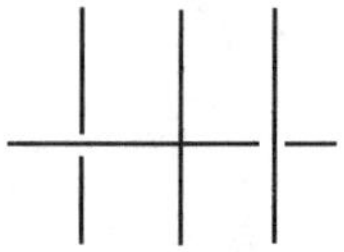

立面图

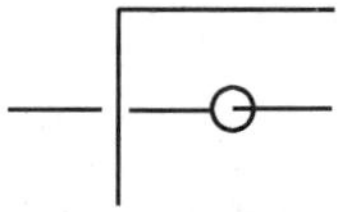

立面图

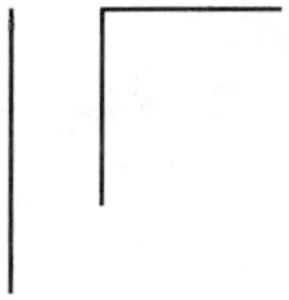

平面图

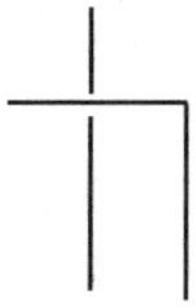

平面图

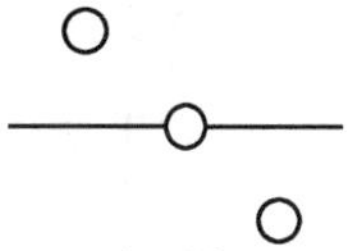

平面图

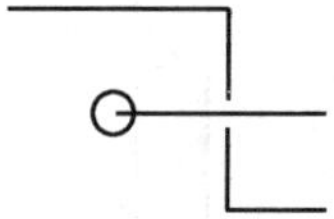

平面图

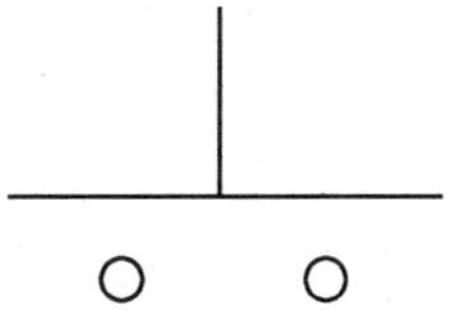

正面图

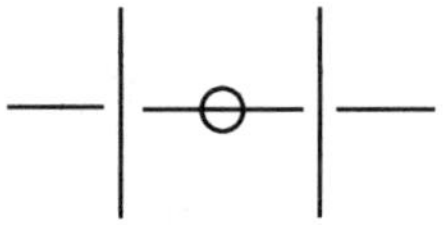

平面图

管道轴测图——按图中所示平面图和立面图，分别绘制其斜等轴测图

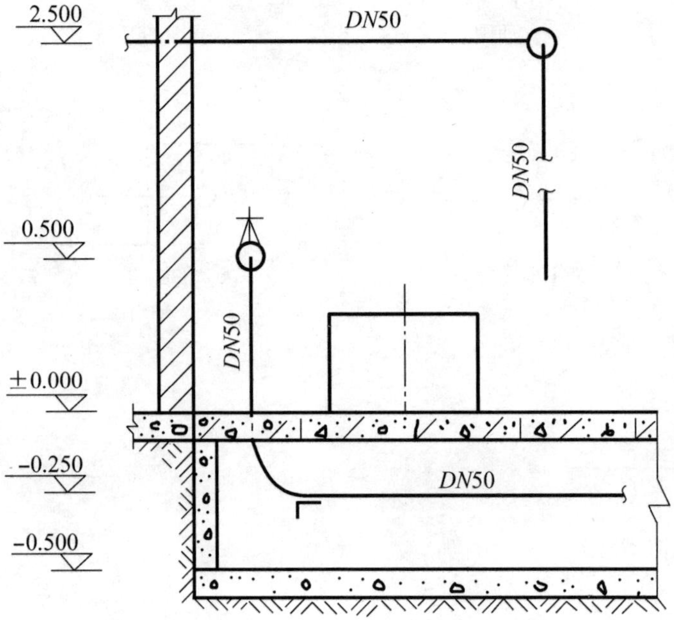




管道施工图——将已给单线管道剖面图绘成双线管道剖面图

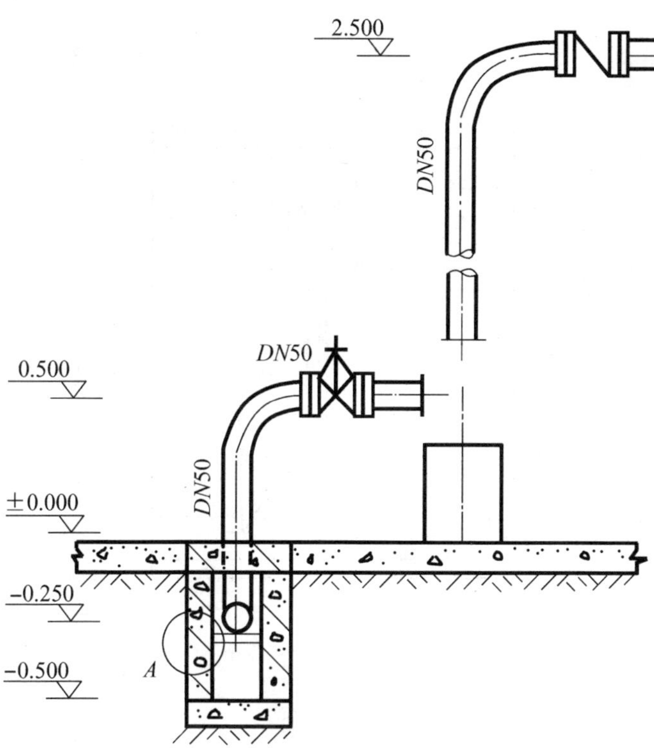


管道施工图——将已给双线管道剖面图绘成单线管道剖面图

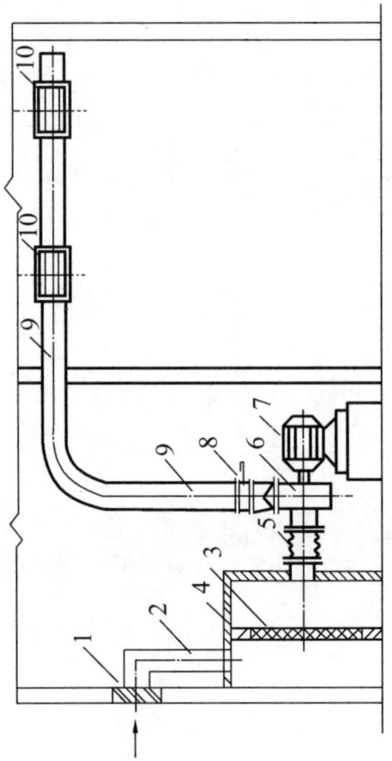


机械送风系统

1——百叶吸风口；2——吸风管；3——过滤器；4——进气箱；5——柔性短管；
6——离心风机；7——电动机；8——启动插板阀；9——送风管；10——百叶送风口

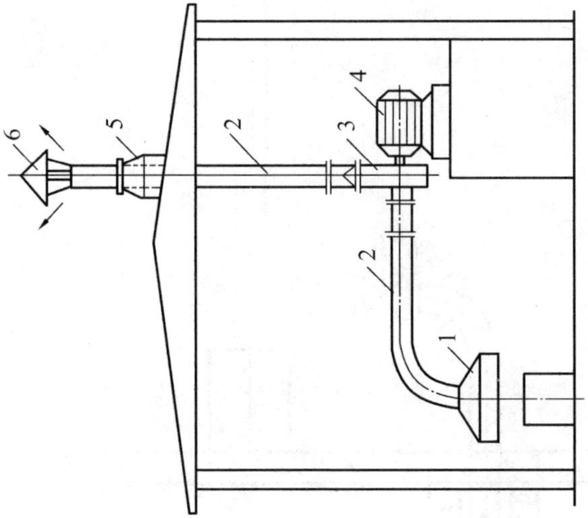


机械排风系统

1——排气罩；2——排风管；3——离心风机；4——电动机；5——防雨罩及天洞；6——伞形风帽



管道工程图——抄绘机械送、排风系统管道图

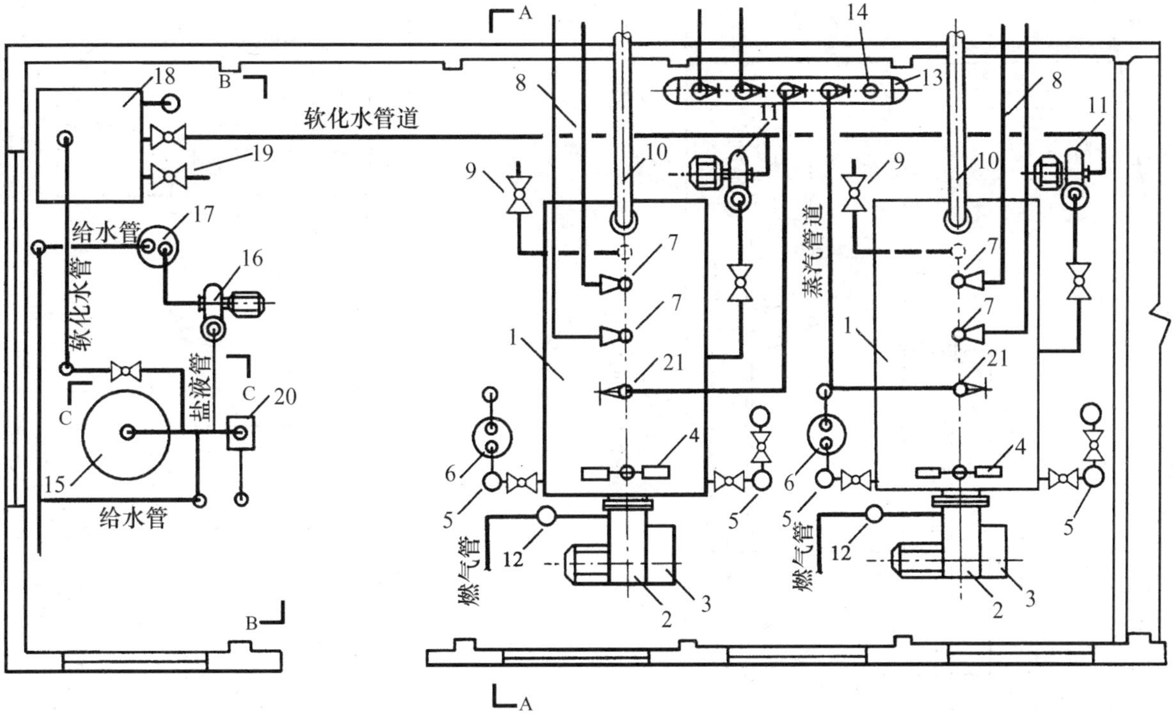


**锅炉房设备及管道的平面布置**

1——卧式内燃燃气蒸汽锅炉；2——燃烧器；3——控制箱；4——压力表；5——水位计；6——取样管；7——安全阀；8——排放管；9——排污阀；10——烟囱管；11——锅炉给水泵；12——燃气过滤器；13——分汽缸；14——压力表接口；15——钠离子交换器；16——盐液泵；17——配液筒；18——软化水箱；19——泄凝水阀；20——四通控制器；21——蒸汽阀

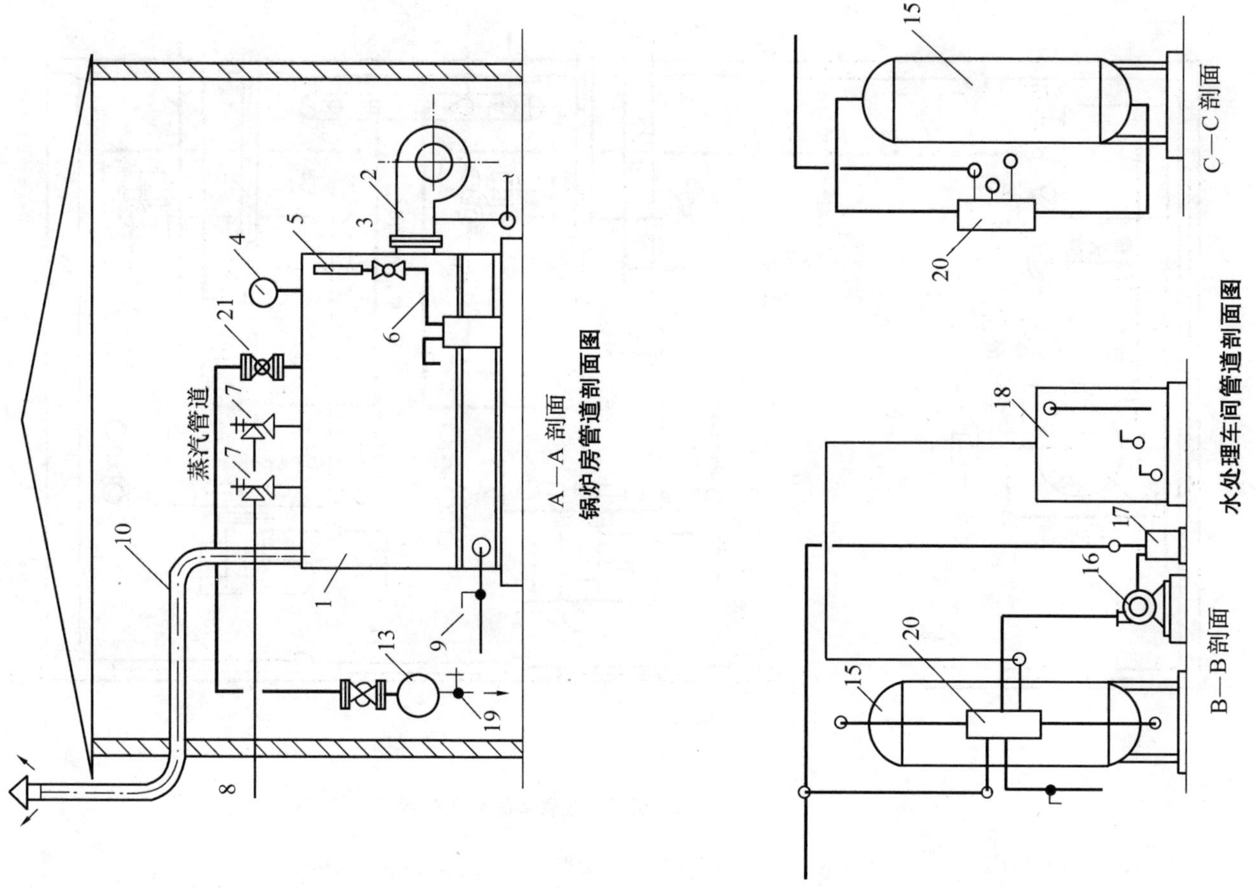

蒸汽管道
A—A 剖面
锅炉房管道剖面图
C—C 剖面
B—B 剖面
水处理车间管道剖面图
1
2
3
4
5
6
7
8
9
10
13
15
16
17
18
19
20
21

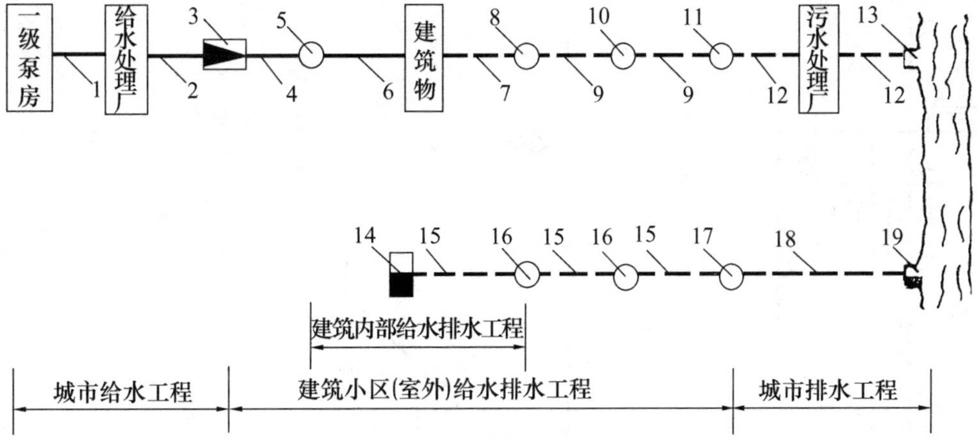


**城市给水排水工程与建筑给水排水工程的范围图**

1——输水管网；2——配水管网；3——水表井；4——室外给水管道（网）；5——建筑物阀门井；6——引入管；7——排出管；8——建筑物外第一个污水检查井；9——室外污水排水管道（网）；10——室外污水检查井；11——碰头井；12——城市污水排水管网；13——污水出水口；14——雨水口；15——室外雨水管网；16——室外雨水检查井；17——碰头井；18——城市雨水管网；19——雨水出水口

给水排水工程图——室外给水阀门井有几个？室外污水检查井有几个？室外雨水检查井有几个？

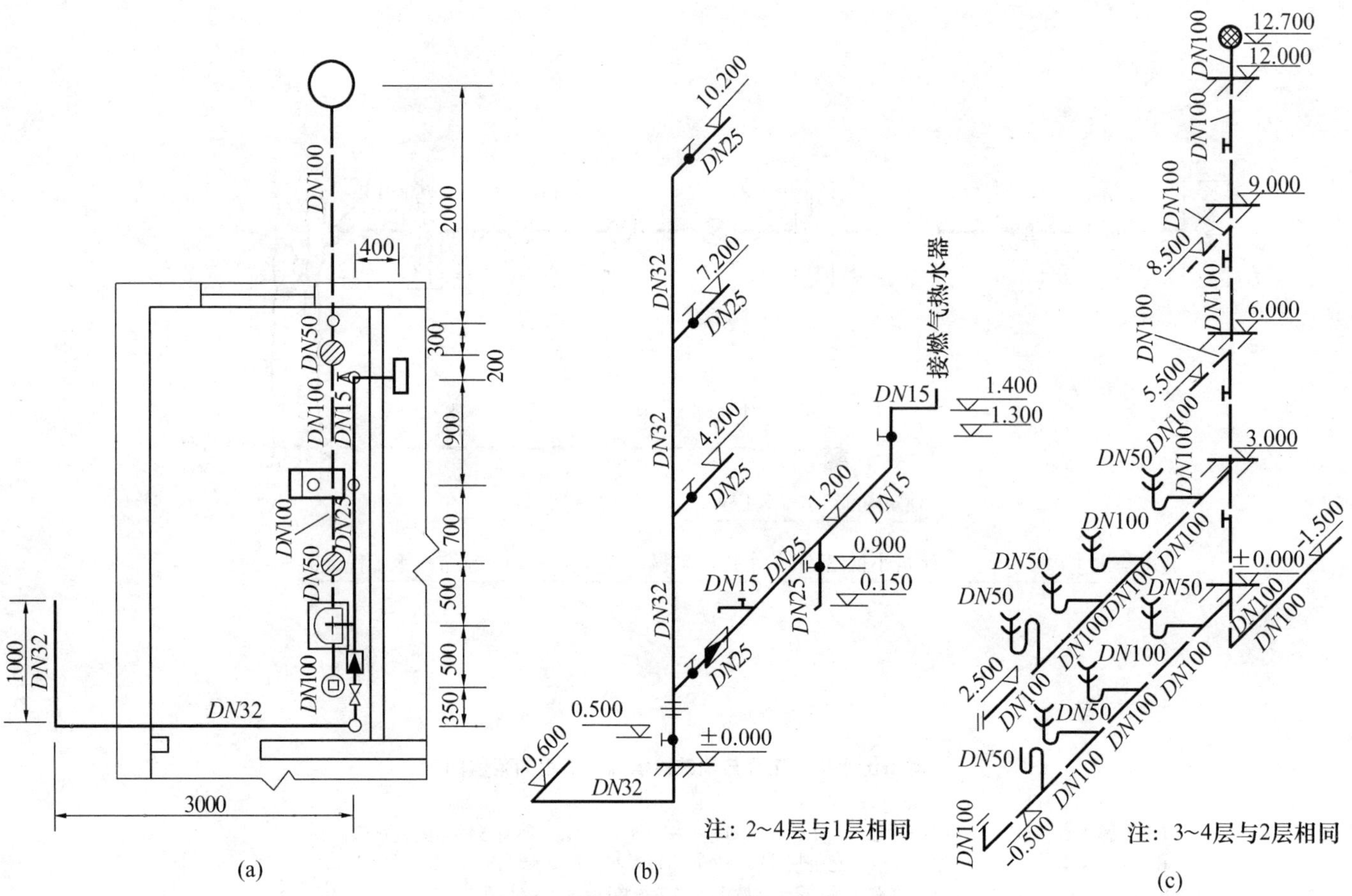


**室内给水排水平面图、给水系统图与排水系统图**

(a) 给水排水平面图；(b) 给水系统图；(c) 排水系统图

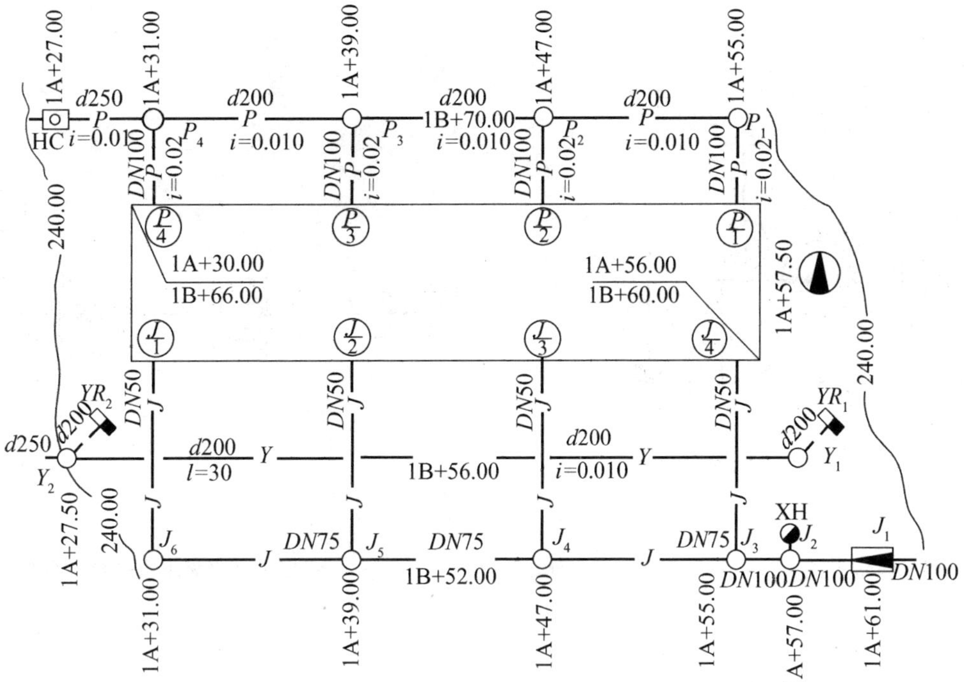


室内给水排水平面图

读图　图中有几种管道？给水阀门井有几个？排水检查井有几个？从 $J_3$ 至 $J_6$ 的水平距离是多少米？

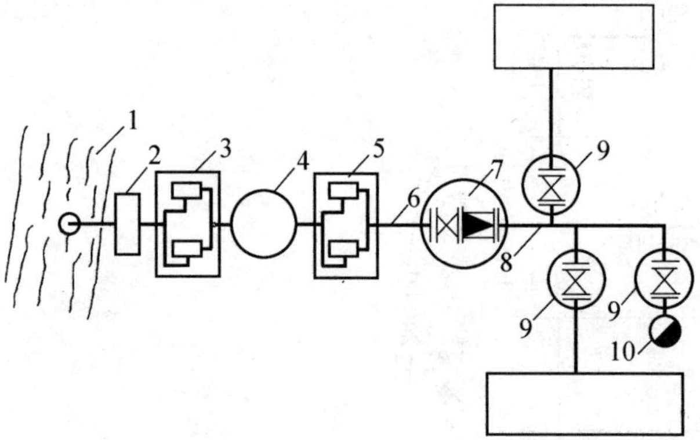

以地面水为水源的给水系统

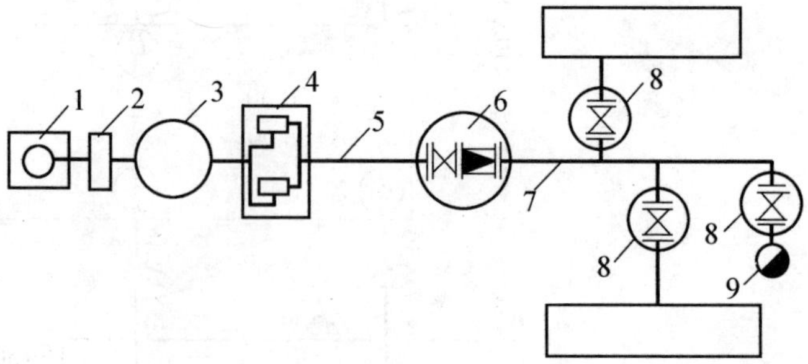

以地下水为水源的给水系统

1——河；2——取水构筑物；3——一级泵房（站）；4——水净化构筑物；
5——二级泵房（站）；6——输水管网；7——水表井；8——室外给水管道；
9——阀门井；10——室外消火栓

1——深井泵房；2——除铁、锰装置；3——清水池；
4——二级泵房；5——输水管网；6——水表井；
7——室外给水管道；8——阀门井；9——室外消火栓

(1) 用 CIRCLE 命令画出如下图形。

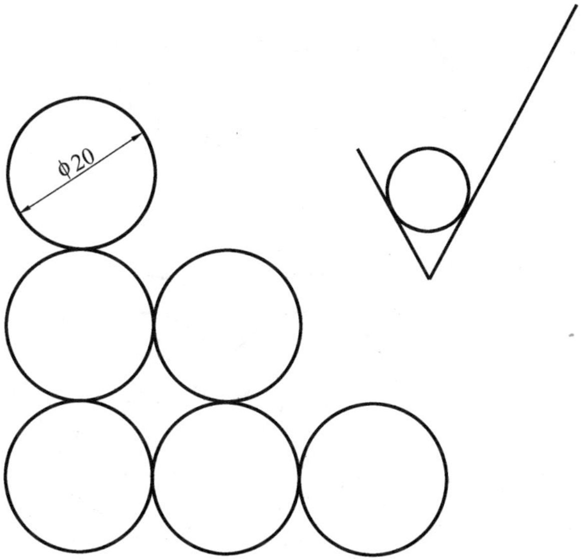


(2) 用 POLYGON 命令画出如下图形。

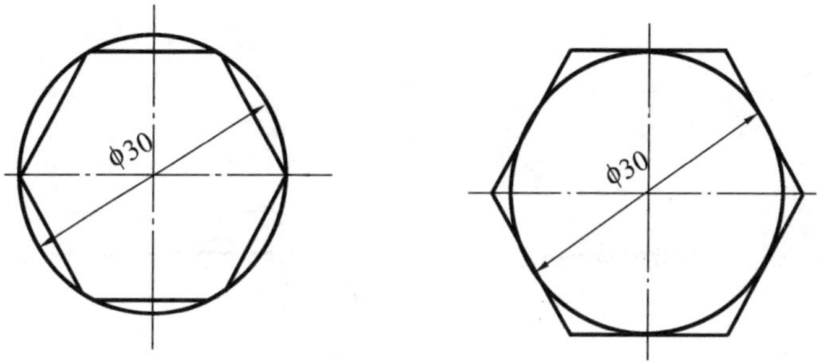


(3) 用 RECTANGLE 命令画出如下图形（倒角距离为 5）。

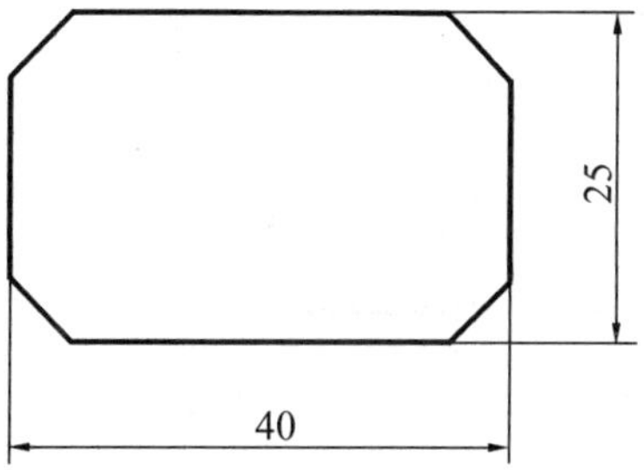

(1) 用 PLINE 命令画出如下图形。

①

②

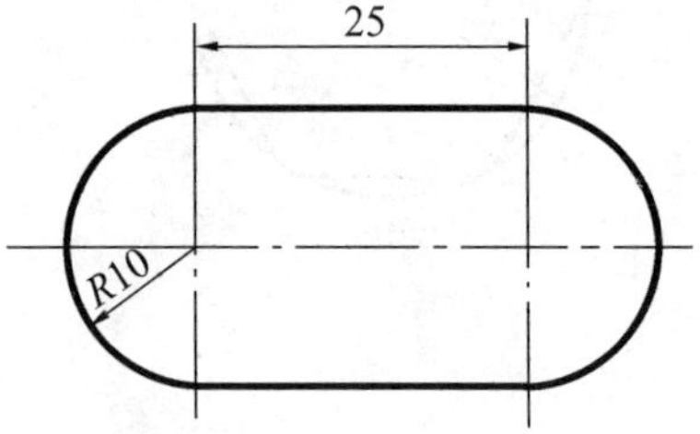


(3) 画出如下图形（尺寸自定）。

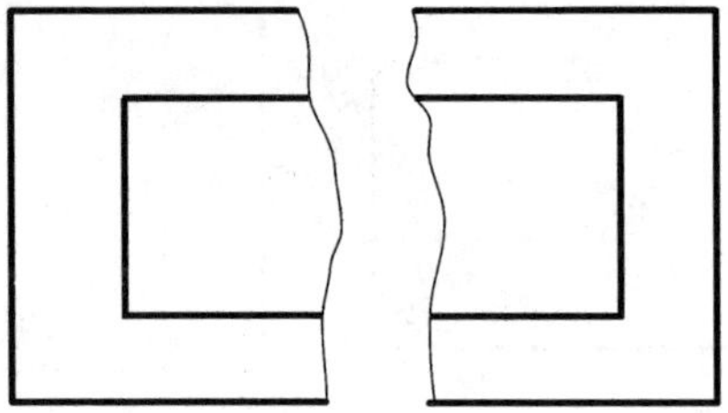

(2) 用 PLINE 命令画出 *AB* 上段，用 LINE 命令画出 *AB* 下段，用 PEDIT 命令将 *AB* 上下段连接，用 OFFSET 命令变图①成为图②，间距为 5mm。

①

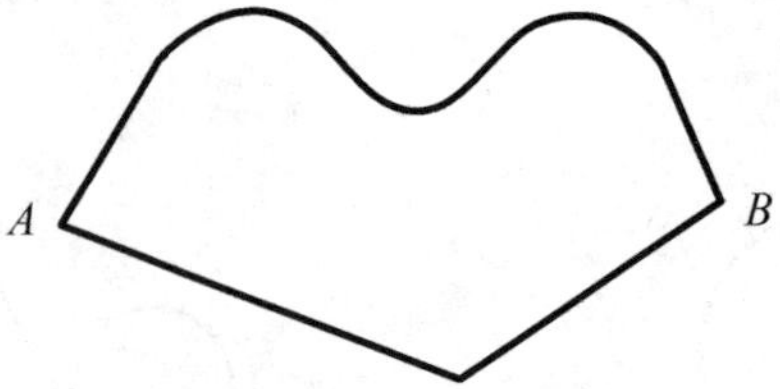


②

(1) 用 MIRROR 命令将图①变成图②；
用 STRETCH 命令将图②变成图③。

①

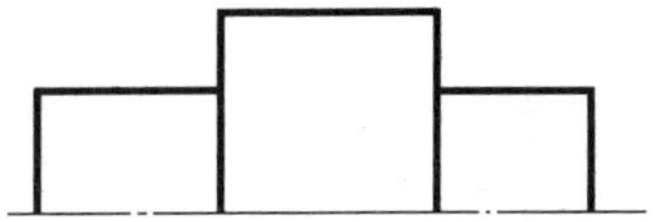

②

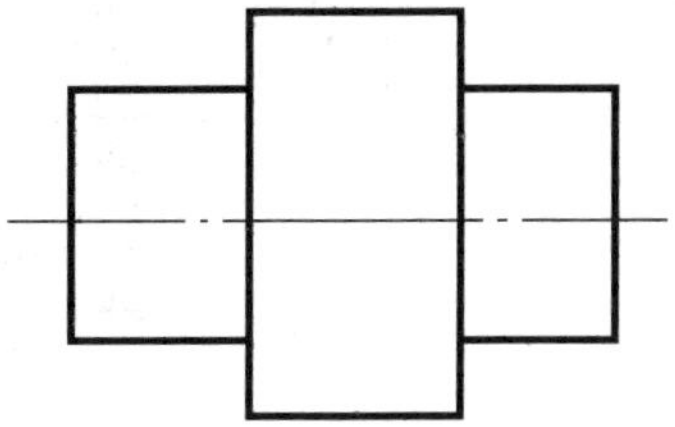

③

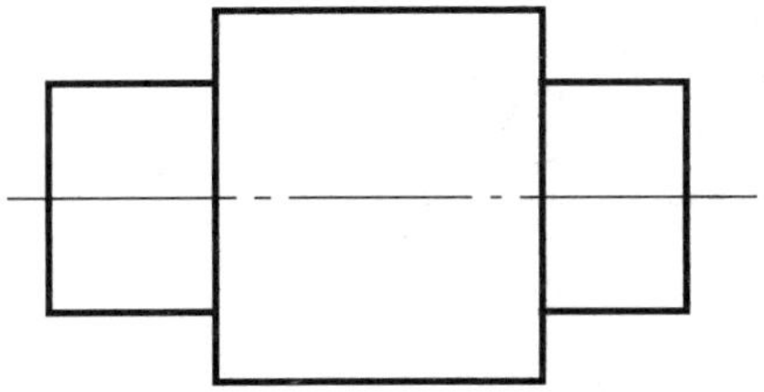

(2)用 ARRAY 命令将图 ① 变成图② 。

①

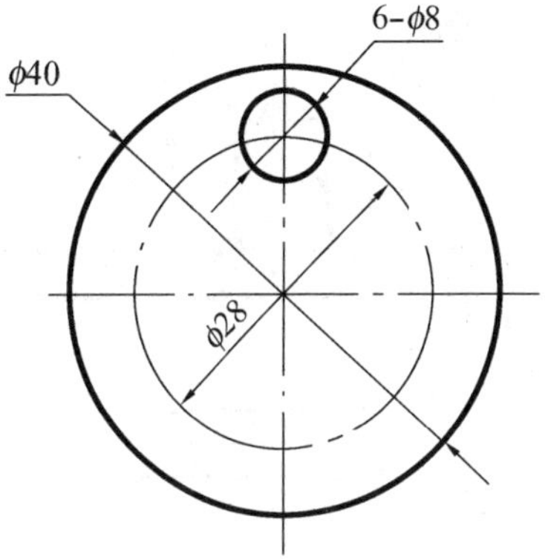


②

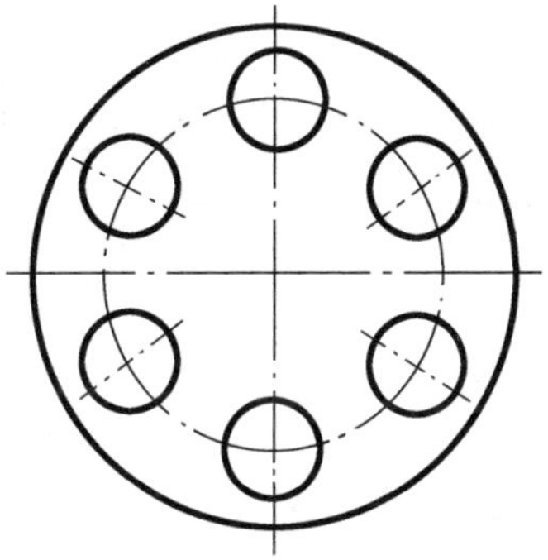

综合运用绘图及编辑命令，按 1:1 比例绘制下面零件图。

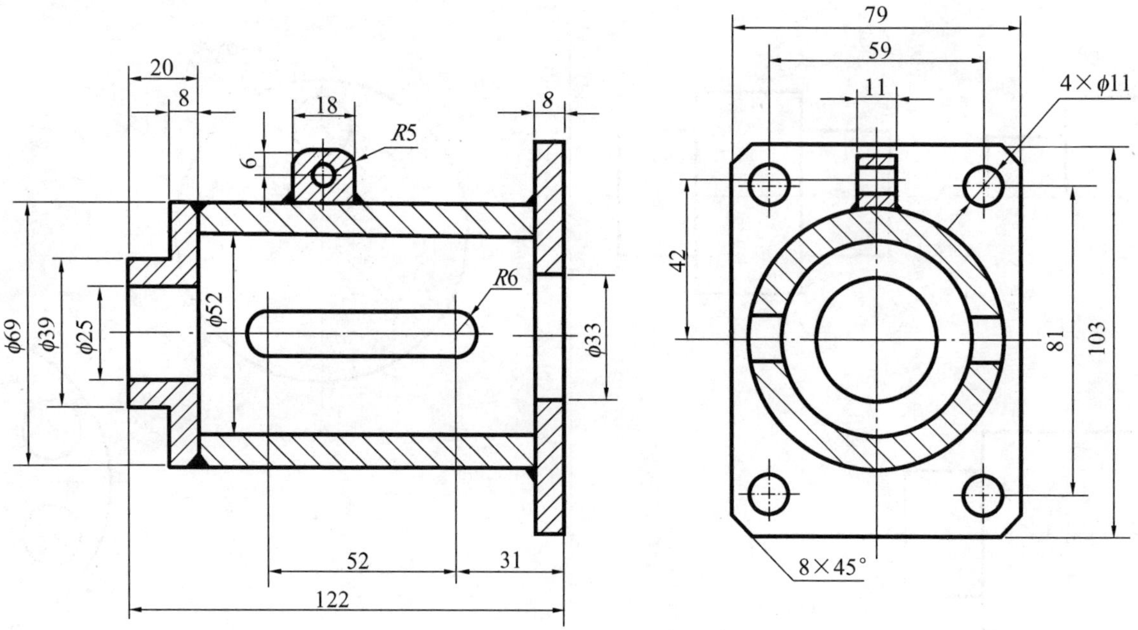

综合运用绘图及编辑命令，按 1:1 比例绘制下面图形。

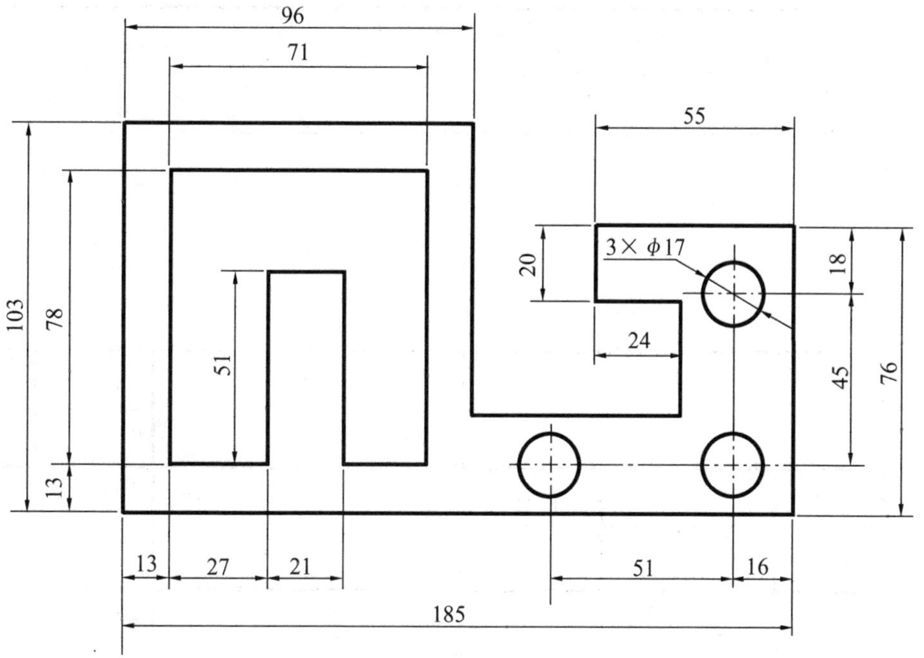

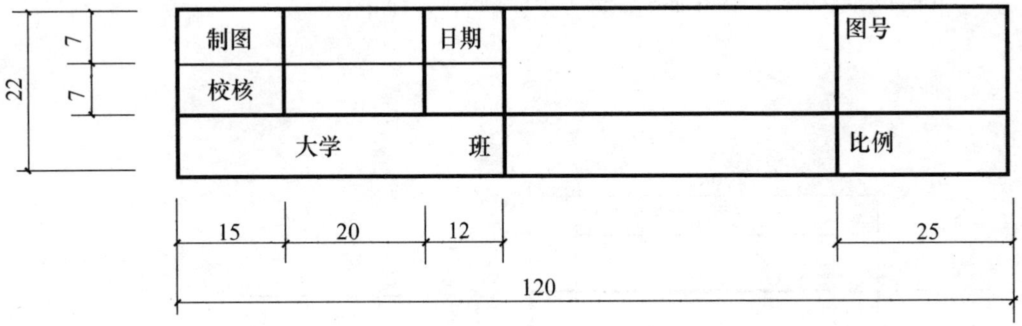
制图
日期
图号
校核
大学
班
比例
7
7
22
15
20
12
25
120

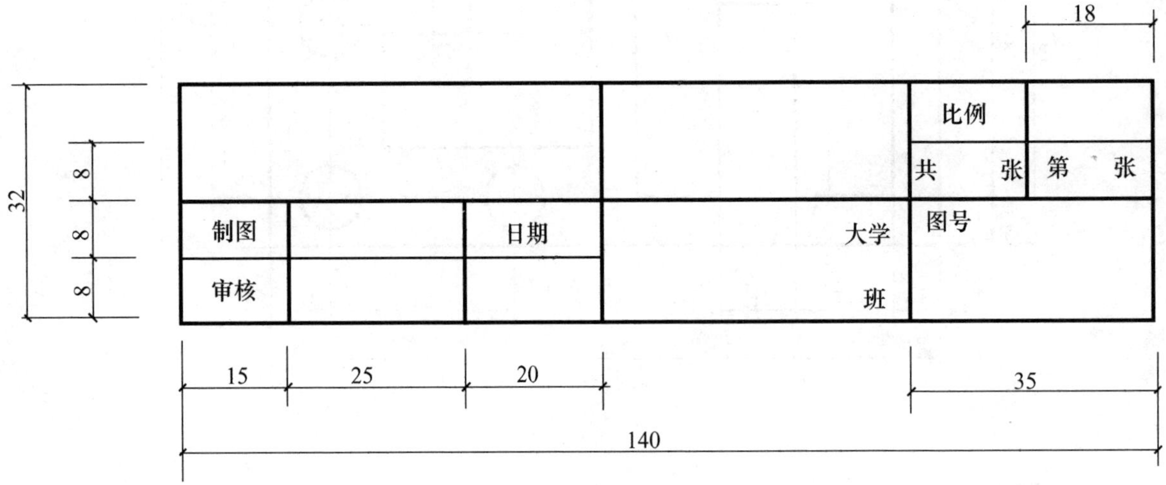
18
比例
共
张
第
张
制图
日期
大学
图号
审核
班
8
8
8
32
15
25
20
35
140